Propagation Computing and
Cyberspace Governance on
SOCIAL
NETWORKS

社交网络上的传播计算与网络空间治理

姜 萍 ◎著

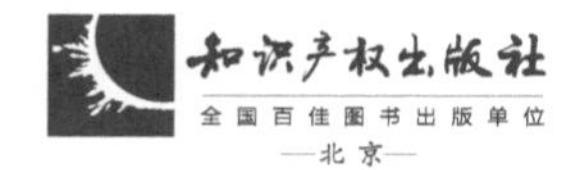

知识产权出版社
全国百佳图书出版单位
—北京—

图书在版编目（CIP）数据

社交网络上的传播计算与网络空间治理/姜萍著. —北京：知识产权出版社，2024. 10
ISBN 978 - 7 - 5130 - 9074 - 2

Ⅰ. ①社…　Ⅱ. ①姜…　Ⅲ. ①互联网络—传播学②互联网络—管理　Ⅳ. ①G206
②TP393. 4

中国国家版本馆 CIP 数据核字（2023）第 245163 号

责任编辑：兰　涛　杨　易　　**责任校对：**潘凤越
封面设计：春天书装　　**责任印制：**孙婷婷

社交网络上的传播计算与网络空间治理

姜　萍　著

出版发行：	知识产权出版社有限责任公司	**网　　址：**	http：//www. ipph. cn
社　　址：	北京市海淀区气象路 50 号院	**邮　　编：**	100081
责编电话：	010 - 82000860 转 8325	**责编邮箱：**	lantao@ cnipr. com
发行电话：	010 - 82000860 转 8101/8102	**发行传真：**	010 - 82000893/82005070/82000270
印　　刷：	北京建宏印刷有限公司	**经　　销：**	新华书店、各大网上书店及相关专业书店
开　　本：	720mm × 1000mm　1/16	**印　　张：**	12. 75
版　　次：	2024 年 10 月第 1 版	**印　　次：**	2024 年 10 月第 1 次印刷
字　　数：	180 千字	**定　　价：**	78. 00 元

ISBN 978 - 7 - 5130 - 9074 - 2

前　言

物换星移，沧海桑田，从结绳记事的远古时代到今天的信息经济时代，信息传播广泛存在于人们的社会生活、经济生活甚至政治领域之中，见证着人类文明的起源、发展和变迁。伴随着互联网技术的日新月异和各类社交网络的流行，信息的产生方式更为多元，在线信息的含义也随之不断扩展。网络营销中的产品信息扩散、社会热点事件中的网络舆论、突发事件中的虚假信息与谣言传播、争议舆论中的网络暴力成因等新问题和新现象不断涌现，使得信息传播研究历久弥新。

网络技术的快速发展和社交网络的更迭不仅扩展了在线信息的内涵与外延，对传播研究更本质的影响在于带来了传播模式和传播行为的质的改变。这种变化使传播研究不能囿于传统的访谈、案例分析等定性研究，而需要博采众长，更广泛地借鉴数学、物理、计算机、网络科学等学科的研究方法和技术手段，计算传播学应运而生，成为 Web 时代一个全新的研究领域。Web 4.0 时代，社交网络上各类信息的裂变式扩散影响着人们的思想，改变着人们的行为，左右着人们的决策。更为重要的是，在线信息的传播与扩散很容易诱发线下的舆论效应和群体行为，正如阿尔温·托夫勒（Alvin Toffler）所言：谁掌握了信息，控制了网络，谁就拥有了世界。

计算传播学研究涉及的内容繁杂，研究工具和研究方法丰富多样，本书主要针对社交网络中的产品信息扩散与病毒营销、网络舆论的竞争传播与反转、谣言与虚假信息的传播与控制以及网络暴力的形成原因等问题，借助传染病模型、微分动力系统理论、复杂网络分析和计量分析等量化工具和研究方法，探讨社交网络上各类信息的传播规律性、传播可控性和传播行为，探求各种传播现象背后的原因，探寻网络空间的治理路径和策略。

著者

目 录

第一章　绪论

传播研究之所以方兴未艾，是因为信息、舆论等传播现象广泛存在于人们的社会生活、经济生活甚至政治领域之中，并在人们的生产、生活中发挥着越来越重要的作用，有时甚至左右着事件发生、发展的全过程。伴随着互联网技术的日新月异和微博、抖音、小红书、脸书（Facebook）、推特（Twitter，现更名为“X”）等各类社交网络的广泛流行，信息传递的作用已经不仅是简单地为人们提供未知资讯和消除随机的不确定性，而是承载了更多的附加价值与衍生意义。

1.1　网络传播的研究背景

Web 时代，信息的含义、产生方式、传播渠道和传播模式都发生了质的变化。网络媒介特有的传播模式使一条信息一旦被发布于社交网络，就很容易以“核裂变”的方式扩散，进而迅速发酵为整个网络空间的热点。社交网络上一条信息传播所引发的社会效应、经济效应甚至政治效应会被无限放大，这类实例不胜枚举。例如，2011 年 3 月 11 日，日本发生 9.0 级大地震，地震导致福岛核电站受到严重影响，放射性物质外泄。大约从 3 月 15 日开始，食盐紧缺以及碘盐可以防辐射的谣言开始在浙江省流传。短短一天之后，这则谣言在全国范围内扩散，多地陆续爆发群众恐慌性地抢购碘盐的行为。到 3 月 17 日，北京、上海、江苏、安徽、浙江、广东、山西等多个省市食盐被疯抢，许多地方的盐价暴涨15倍，多个地区的食盐脱销。[1]此次事件中，谣言借助以社交网络为代表的新媒体得以迅速扩散，谣言和虚假信息的扩散加剧了人们的恐慌心理，更导致了荒唐的群体性行为。

2014年8月，一项名为“冰桶挑战”（ALS Ice Bucket Challenge）的活动在全球社交网站上引发狂潮。这项活动由美国人皮特·弗雷茨（Peter Frates）发起，旨在让更多的人了解“渐冻人”症状，并为该类患者筹款。活动发起的短短半个月内，Facebook上参与话题讨论的用户高达1500万人次。两个月内，美国ALS基金会收到约4000万美元的捐款，这个数额超过了该基金会上一年的总收入。[2]随着冰桶挑战在Facebook和Twitter上的火爆，相关话题也迅速扩散到国内社交网络。新浪微博的统计数据显示，截至2014年8月底，主题为“冰桶挑战”的微博阅读量在不足半个月的时间内高达43.7亿次。[3]

2015年，英国西部赫布里底群岛上一场简单婚礼中的裙子曾经引发全世界网友的争论。白金还是蓝黑？关于裙子颜色的讨论迅速席卷全球。BuzzFeed网站关于这条裙子颜色讨论的文章访问量突破了3000万。这一话题在社交网络上持续发酵，使得“白金还是蓝黑”成为Twitter、Facebook和微博上的热门话题。随后，生产这条裙子的厂商Roman Originals一夜成名，Roman Originals的创意总监伊恩·约翰逊（Ian Johnson）告诉媒体，意外曝光后，这条裙子的官网访问量增加了2000%，销量增加了500%。

2016年美国总统大选，围绕着唐纳德·特朗普（Donald Trump）和希拉里·克林顿（Hillary Clinton）的各种报道吸引了全世界的目光。在这一严肃的政治事件中，社交网络起到了重要的推动作用。在整个大选过程中，Twitter成了特朗普最大的盟友，特朗普经常在Twitter上即兴发布各种推文，有时自毁形象，有时他的政治观点让人啼笑皆非。但正因为如此，网友确信这些内容都是出自特朗普本人之手，而非来自专业的公关团队。

特朗普的反对者、支持者和主流媒体都时刻紧盯着他的 Twitter 账号，以期获得第一手的信息和新闻资讯。Twitter 在 2016 年美国总统大选中扮演的角色或许会令今后所有的总统候选人重新审视社交平台上的信息扩散在政治活动中的巨大作用。此外，拥有超过 17.6 亿用户的 Facebook 作为传播、扩散大选信息的重要平台，其在美国总统大选中扮演的角色也将这一科技巨头推上了风口浪尖。批评者认为 Facebook 对于虚假和错误信息的监管不足，使诸如教皇为特朗普背书，希拉里曾是一个谋杀犯等虚假信息在社交媒体上疯狂扩散，甚至连时任总统奥巴马（Obama）也表示虚假信息的大肆传播破坏了选举进程。鉴于巨大的舆论压力，扎克伯格（Zuckerberg）写了一封道歉信，并宣称在新的一年里 Facebook 将致力于虚假信息的检查与监管。[4]无数事实表明，社交网络上信息的裂变式扩散影响着人们的思想，改变着人们的行为，左右着人们的决策。更为重要的是，在线信息的传播与扩散很容易诱发线下的舆论效应和群体行为，正如阿尔温·托夫勒（Alvin Toffler）所言：谁掌握了信息，控制了网络，谁就拥有了世界。[5]

因社交网络中的营销信息、谣言、虚假信息、网络舆情等传播问题和网络暴力对人们的生活、工作和社会发展的显性影响和潜在影响越来越大，高影响力的期刊、专业的学术会议和各学科的研究团队都开始关注社交网络上的传播计算问题。近年来，*Science*、*Nature* 和 *PNAS* 等科研领域的顶级期刊都曾连续发表 Twitter、Facebook 等社交网络上各类信息扩散的相关研究成果。这些研究成果引领着科研工作者们不断地探索以社交网络为代表的新媒体时代信息传播的规律性，不断地发掘隐藏在这些传播规律性背后的秘密。被公认为学界研究风向标的各类学术会议，如计算机领域的 WWW、互联网领域的 KDD 和数据挖掘领域的 SIGIR 等也都收录和发表了大量研究在线信息传播和扩散的相关论文。[6]在不断的探索与研究的过程中，国内外逐渐形成了很多有影响力的研究团队和著名的研究学者。例如，美国东北大学的 Albert - Laszlo Barabasi 教授是复杂网络领域的代表人物，芝加哥大学的 Luís M. A. Bettencourt 教授系统而全面地研究了知识的传播与演化问题，斯坦福大学的 Sharad Goel 等学者在 *Management Science* 上发表的题为“The Structural Virality of Online Diffusion”的文章标示着管理领域对在线扩散问题的关注及兴趣。[7]

信息等传播研究最早隶属传播学研究范畴，主要依靠社会学、心理学、新闻学等学科的理论观点和以案例分析为主的定性研究方法进行研究，为数不多的定量研究主要借助结构方程来实现。Web 时代，社交网络上信息的产生、获取、加工与传递方式等都发生了质的变化，定性研究和依赖结构方程方法的定量研究范式已远远不能满足现实需求。此外，由于社交网络上谣言、虚假信息、网络舆情等各类传播问题引发了不同专业背景和不同研究领域的科研人员的高度关注与研究兴趣，受惠于学科的交叉与渗透，社交网络上传播问题的量化研究方法和技术工具日渐丰富，传播计算研究逐渐兴起并不断发展成熟。根据社交网络上传播研究的现实需求与丰富的定量研究工具，本书结合传播学、心理学和行为科学的相关理论，主要利用人口动力学、非线性微分动力系统理论、复杂网络分析和计量分析等量化工具研究社交网络上的病毒营销、谣言、虚假信息和大众舆论的传播与网络暴力问题，并在此基础上探讨网络空间的综合治理问题。

1.2 社交网络上的传播问题

1.2.1 传播研究对象的变迁

传统传播学的研究对象是“信息”，在《辞海》里，“信息”一词的解释为：“（1）音讯；消息；（2）通信系统传输和处理的对象。”在科学研究领域，不同学科出于专业背景和实际需求的考量，对于“信息”一词的定义和解释各有侧重，不尽相同。作为一个科学术语，“信息”一词最早是由 R. V. 哈特莱（R. V. Hartley）在“信息传输”一文中提出的。[8] 20 世纪 40 年代，信息论的奠基人 C. E. 香农（C. E. Shannon）将信息定义为“用来消除随机不确定性的东西”[9]。控制论创始人诺伯特·维纳（Norbert Wiener）认为“信息是人们在适应外部世界，并使这种适应反作用于外部世界的过程中，同外部世界进行互相交换的内容和名称”[10]。

网络媒介兴起之初，为了区别和凸显借由网络媒介进行传播的内容，“在线信息”一词被广泛使用。但在 Web 时代的今天，“信息”一词泛指通过网络媒介发布并传播的、具有一定语义及含义的文字载体。它既包括各类网络媒体对于某一事件的报道或评论的新闻类资讯，也包括公共事件、突发事件中人们在社交平台上发表的舆论、发布的相关虚假消息或谣言等。此外，它还泛指电商平台和网络社群中对于某种商品属性、性能的描述和展示及相应的用户反馈评价等。综上所述，互联网时代传播研究对象丰富、多样且繁杂，经由网络媒介发布并传播的、带有具体内容和含义的文字载体都是各学科研究和关注的重点。

1.2.2 社交网络上的传播研究问题

互联网时代，网络媒介众多，其中以社交网络最具代表性，社交网络上信息传播的影响力也最强，相应地，传播带来的积极和消极效应也最显著，故本书将围绕社交网络上的传播问题展开研究，并进一步探讨以社交网络为代表的网络空间治理问题。

首先，信息传播效果是信息传播领域最基础的研究问题之一。在大众传播时代，对于信息传播效果的研究以定性分析为主，定量研究颇受质疑和诟病。网络媒体时代，伴随着新现象和新问题的不断涌现，定量地计算社交网络上一条信息在任意给定的时间节点上的传播者数量及预测一条信息传播者数量达到峰值的时间节点等问题的重要性不言而喻。学科交叉的不断深入使得定量地研究信息传播效果成为可能，社交网络上一条信息传播效果的量化研究是必要且迫切的。

其次，与传染病传播、计算机病毒传播等传播问题不同，社交网络上“点对点”的传播模式下信息传播的主体和受众都是自然人。每个传播个体都具有独立的思想、意识和自主行为，研究个体的心理、行为对信息传播过程和扩散规律性的影响，不仅是对传播过程的真实还原，而且能够实现“以人为本”，更好地应用信息传播规律，充分发挥信息传播所带来的积极作用，规避其消极影响。探讨“人”的因素对于信息传播规律性的影响可以分为两个层面：一个层面着眼于“个体”，探讨个体行为在信息扩散中的作用；另一个层面则是立足于“群体”，研究群体行为对网络舆论传播与演化的影响。某种意义上来说，群体力量是网络时代的产物。或者说，网络媒体环境中，具有一致性行为的群体更容易形成，群体行为更容易被识别和效仿。心理学和行为科学以社会实验的方式得到了著名的“羊群效应”，这种效应在社交网络上被无限放大，衍生出诸如病毒营销、舆论反转和网络暴力等一系列问题。因此，定量地分析社交网络上的病毒营销、网络舆论的演化与反转问题不仅是有益的，同时也更能揭示出这些传播现象背后的原因。

再次，与广播、电视、报纸等“点对面”的传输模式不同，社交网络的传播模式是“点对点”的。社交网络中信息的传播不受时间、空间和地域等因素的制约，经常呈现出“核裂变”的传播效果或产生信息级联，因此社交网络中的谣言、虚假信息的传播规律性和传播可控性研究具有非常重要的现实意义。

最后，科学与技术的进步引领人类社会全面进入数字经济时代，当资本、技术、数字经济纷纷涌入大众传播领域，社会上热点事件、公共事件和舆论争议往往会演变为针对某个个体的网络暴力。近年来，社交网络上的网络暴力思维和网络暴力行为愈演愈烈，探讨数字经济背景下网络暴力的成因非常必要。互联网时代，人们高度依赖甚至沉溺于社交网络，为打造开放、文明、和谐的网络环境，网络空间治理问题迫在眉睫。

综上所述，针对社交网络上涌现出的各类传播新现象和新问题，本书研究社交网络上信息的传播过程、传播效果、传播规律性和传播可控性，并以病毒营销、网络舆论、谣言、虚假信息和网络暴力为研究对象，探讨社交网络上的传播计算与网络空间治理问题。

1.2.3 研究展望

伴随着网络技术的飞速发展，未来仍有大量的研究工作有待进一步深入和完善。例如，社交网络中网络情绪的语言特征与识别研究。网络情绪的系统研究最早源于2009年欧盟第七框架计划中的一个子项目，其目的是分析集体情绪在信息通信技术中的作用，进而为未来智能通信技术的发展提供支持。Web 4.0 时代，社交媒体中海量的用户生成内容使得网络情绪研究备受关注，虽然 Facebook、Twitter、微博等社交媒体网络情绪的特征分析与识别研究成果较为丰富，但随着流行社交媒体的更迭与互联网用户群的悄然变化，网络情绪在以下三个方面尚有巨大的研究空间。其一，社交媒体网络语言多模态特点越发凸显，除传统的文字外，缩略语、符号、表情包、图片等表达快乐、悲伤、愤怒和恐惧等情绪的语言特征尚未有系统研究。其二，主打二次元文化的哔哩哔哩网站（Bilibili）、泛娱乐文化载体抖音和潮流文化代表小红书等社交媒体网络情绪语言风格变迁的原因也未厘清。其三，由于 Web 4.0 时代网络情绪表达已不仅限于传统的语义和图片，故其识别算法需要不断改进和更新。

除网络情绪研究外，伴随着 Facebook 的 CEO 扎克伯格宣布将公司更名为“META”，公司大力进军元宇宙，微软、苹果、谷歌等科技巨头纷纷布局元宇宙，元宇宙时代已悄然来到。伴随着云计算、5G、AR/VR、数字孪生和区块链等技术的成熟，以元宇宙为代表的虚拟空间必将影响产业的发展和人们的生活。元宇宙借助虚拟数字人打造的沉浸式社交体验会极大地吸引年轻族群涌入，元宇宙平台的社交模式、传播研究与元宇宙空间的治理等值得期待。

1.3 国内外研究现状

本书将从信息传播与演化规律、人的行为对信息传播规律的影响等方面梳理、回顾和总结网络媒介中的各类传播研究，从而在已有研究工作的基础上进一步探讨社交网络上的传播计算问题和网络空间的治理。

1.3.1 信息传播与演化规律的相关研究

虽然信息传播和演化规律性的研究历史悠久，但该研究领域却历久弥新，其中一个非常重要的原因是传播媒介的不断变化。伴随着互联网技术的日新月异及社交网络在全球范围内的流行，人们获取、传递信息的方式发生了革命性的变化。与依靠电视、广播和报纸等传播媒介获取新闻资讯相比，今天人们更喜欢在各类新闻网站上自主发掘并选择新闻。Digg 网站正是因为满足了人们的这种诉求而大获成功。[11]技术的进步以及人们的使用偏好，催生了各种各样的在线社交网络，如 Facebook、Twitter、微博、微信、小红书、抖音、知乎等。这些社交媒体平台的涌现及广泛流行，不仅创造了诸多商业传奇，也引发了很多新的传播现象和研究问题，为社交网络上的传播研究带来了诸多机遇和挑战。

Freeman 等[12]用传染病模型模拟了 Digg 网站上新闻的扩散规律，并在 50h 内对用户的投票行为进行了预测。Luarn 等[13]以 Facebook 的一个应用为研究对象，提出网络密度（network density）和传播者的活动（transmitter activity）影响着信息的扩散过程。该研究认为，网络密度和社交网络中传播者的活动呈正比例关系，传播者的活动可以调节网络密度对信息浏览和重复传播的影响程度。而在 Twitter 中，因传播者的身份有明显差异，导致不同的话题传播速度与传播规模有较大差异。传统的大众媒体，如BBC，在传播一些重大议题时发挥着至关重要的作用。一些有影响力的个体，如意见领袖、政治人物与明星等对重大议题和常规话题的传播都有较为明显的推动作用，而一般的草根用户虽然占 Twitter 用户的98%，但对于新闻类话题传播的作用却不大。[14]此外，在 Twitter 上，转发的推文距离原始推文的社会距离绝大多数（超过90%）在3以内，即所谓的“三度影响力”现象。[15]和 Twitter 类似，国内微博是最为知名的“短文本”类信息的集聚地。Gao 等[16]研究了微博上不可信的健康及安全类信息的传播机制和扩散规律性，研究发现当微博用户自身没有足够的相关知识储备时，信息的可信度与信息源的可信性直接相关。另外，个人网络中的负面评论会降低一条信息的可信度，亲密朋友的负面评论的影响更为显著。Yan 等[17]用实证的方法阐述了微博网络是个连通图，并且具有平均路径短、平均聚类系数高的性质，网络中信息源节点的入度分布和出度分布都具有幂律特征。曹丽娜等[18]分析了天涯论坛上话题的演化趋势。Zhao 等[19]以在线博客为例，研究了遗忘机制对谣言传播的影响。此外，陈璟浩等[20]和张耀峰等[21]对突发公共事件网络舆情的形成、特点及传播规律进行了研究。张耀峰等[22]提出网络群体事件中的舆论存在同步机制。

依托于各种社交网络，预测在线信息的传播规律、探寻影响信息扩散的因素等研究异常丰富。Zhou 等[23]讨论了社交网络中反复出现相似信息的现象对于人们传播一条信息的概率的影响。Wu 等[24]认为人们的理性决策影响着信息的扩散过程。例如，朋友、熟人之间的信任及信任程度能够帮助人们进行理性的决策，而这些决策会进一步影响信息的传递。对于不实信息，比如谣言的传播来说，信任机制对于传播的影响更为明显。[25] Li 等[26]研究了复杂网络中当传播者不是从邻居节点获知谣言，而是独立涌现时的谣言扩散情形。研究发现，这种情况下为了加快信息的扩散，提高网络的连通性比增加独立的传播者更有效。Liu 等[27]对社交网络上影响信息传播的内在、外在因素进行了研究，认为事件的性质决定了信息的传播模式。Karnik 等[28]研究了在线社交网络上的信息扩散过程，提出一种阈值理论。这种理论认为如果一条信息的扩散规模达到一个阈值（或称为边界值），这条信息就会变成一个“病毒”，能够在社交网络中疯传。Xu 等[29]认为传播的阈值和信息的吸引力与社交网络的拓扑结构有关，通过适当的引导，就能够抑制不实信息、谣言等在整个网络中泛滥。

以上这些研究侧重从整体层面探讨信息的传播与演化规律，在还原信息传播过程的基础上对信息的传播规律性进行分析和预测。

1.3.2 人的行为对信息传播规律的影响研究

在线信息传播问题之所以复杂且有趣，一个非常重要的原因是参与信息传播过程的主体是自然人，因此，探讨人的因素及人类行为的动态性对信息传播的影响也是学者们研究工作的重点。[30-32]

Iribarren 等[33]通过寄送电子邮件的方式研究了人的活动模式对于信息扩散的影响。实验发现，个体对于信息的反馈时间存在很大的异质性，这在一定程度上降低了信息的整体扩散速度。Centola[34]分析了社交网络如何影响网络用户行为的传播。Centola 认为当受到网络中邻居节点的社交压力时，个体更倾向于采纳邻居个体的行为。此外，通过对比同等规模的随机网络和呈现明显聚类效果的网络可以发现，网络中个体的行为在后者中传播得更迅速、更深远。Li 等[35]研究了社交网络中个体特征和个体私有信息扩散之间的相互制约和影响。Zhang 等[36]利用微博数据探讨了转发、评论等用户行为在信息扩散过程中所呈现的作用。Xiong 等[37]通过研究微博用户对于信息的转发行为，发现不同的网络结构会导致用户行为上的明显差异。Su 等[38]针对微博上很多帖子没有被充分阅读这一现象，研究了个体的阅读行为对于微博上信息扩散的影响，研究发现阅读率对于微博上信息的扩散至关重要。Mozafari 等[39]研究了个体的偏好行为和个体与相邻个体的聚合行为对信息传播的影响。Stattner 等[40]将社交网络的演化和个体的动态性进行结合，提出了一个 D2SNet 模型来研究社交网络上信息的传播过程。研究发现，社交网络的演化涉及了网络连边的增加和删减，这种演化也直接催生了个体不同的行为模式，进而影响了信息的传播规律。

个体行为具有很强的主观性，而这种主观意识和行为非常容易被引导和改变，尤其是观测到某种群体行为或者受到群体压力的影响，这就是心理学上非常著名的羊群效应。羊群效应即人们通常所说的“随大流”行为，虽然这种个体行为一直存在，但在互联网时代，以社交网络为代表的新媒体使得个体行为的观测、追踪和改变更加透明和容易，因此羊群效应对于信息传播的影响也更为突出。在传递信息的过程中，人们因羊群效应忽略自身想法而加入人群的现象也称为信息级联。[41]诱发级联现象的原因很多，从网络科学的视角来分析，Shafaei 等[42]认为网络中参与级联的节点数目越多，可以认为级联发生的程度越深，在一定程度上网络结构决定着信息级联程度的深与浅。Tong 等[43]则在构建级联模型时引入了三个新的因素，分别为平等概率、节点相似性和节点的流行度。通过在六个不同的网络数据集上进行实证分析，发现节点的流行度对于信息级联的影响最为显著。Hisakado 等[44]发现网络结构不仅影响着信息传递的速度，而且影响着级联过程中节点状态的转化，因此得出 Hub 节点在信息级联中的作用是有限的结论。与这一观点类似，Choobdar 等[45]认为分析网络中节点对于信息级联的作用时，不仅应当考虑当前时刻的网络拓扑，而且应当充分考虑历史时刻网络的拓扑结构。

与生物网络、计算机网络、交通网络等复杂网络不同，以各种社交网络为传播媒介的在线信息传播网络中的每个节点都是自然人，每个节点都具有自己独立的意识、心理特点和行为方式。因此，仅仅从网络结构的视角分析信息级联的成因或许失之偏颇。事实上，信息级联是人们在传递信息的过程中所呈现的级联行为的一种外在表现。虽然每一个体的心理特点和行为方式不尽相同，但是当个体受到外界刺激或压力的影响时，个体会很容易“随大流”，从而形成群体行为。尤其是涉及舆论的竞争传播时，群体行为和群体力量扮演着何种角色是个有趣的问题。

1.3.3 复杂网络视角下的信息传播研究

网络科学的发展可追溯到图论的出现，其发展先后经历了规则网络、随机网络和复杂网络三个阶段。如果说网络科学的早期发展得益于图论和拓扑学等应用数学的发展，那么现代网络科学取得突破性进展在很大程度上则要归功于计算机技术和 Internet 技术的迅猛发展。1998 年，Watts 和 Strogatz 在 *Nature* 上发表了题为《小世界网络的群体动力行为》的论文。[46]这篇文章推广了“六度分离”的假设，提出了著名的小世界网络模型。1999 年，Barabási 和 Albert 在 *Science* 上发表了题为《随机网络中标度的涌现》的论文，提出了一个无标度网络模型，指出在复杂网络中节点的度分布具有幂指数函数的规律。[47]这项研究工作彻底颠覆了人们过去对于网络结构的认识。此后，大量的实证研究发现现实生活中大部分的复杂系统，诸如 Internet 网络、社交网络和合著网络等都具有无标度特征。[48]小世界效应和无标度特征的发现标志着网络科学复杂网络时代的到来。

应用复杂网络理论研究信息传播问题始于学者 Zanette 的工作。2001 年，Zanette[49]讨论了小世界网络上的传播行为。一年之后，Zanette[50]又进一步研究了小世界网络中谣言的传播与扩散，得出了包括存在谣言传播临界值在内的一些重要结论。这两篇关于小世界网络中传播问题的讨论，标志着传播领域应用网络分析方法的时代到来。除小世界网络之外，Moreno 等[51]、Pan 等[52]、Cheng 等[53]分别研究了无标度网络上信息传播的相关问题。Isham 等[54]针对有限随机网络上的谣言传播问题展开讨论，在不考虑邻居节点的相关性时，给出了谣言传播者最终规模的计算。此外，这项研究还指出，和确定性模型相比，随机模型中谣言传播者最终规模的分布函数不再是单峰值的，而是呈现出多个峰值的情形。Busch等[55]、Wang等[56]研究了同质网络上的信息传播规律性。

利用网络分析方法研究信息传播问题的核心在于探讨网络拓扑结构对于信息传播规律的影响。Luarn等[57]以Facebook为例，提出社交网络所提供的用户之间的相互连接关系增强了在线信息的传递，同时也放大了在线信息所产生的影响。Zhao等[58]则认为网络的连接强度影响了信息的传播。具体来说，由于网络聚类系数的“桥梁作用”和反向相关性，弱连接在信息传播中扮演着重要的作用。这与崔鹏碧等学者提出的“网络中高的簇系数并不总是促进大尺度的传播”的观点是类似的。[59]而当多条信息同时传播，并且这些信息彼此间存在竞争关系时，一条信息传播网络（任何一条信息都会构成一个传播网络）的连接度越低，这条信息的采纳率也越低。[60]另外，网络的其他拓扑性质，如平均距离、聚类系数和网络连通性等也都影响着信息的传播与扩散。需要注意的是，以上这些结论都是分析静态网络的拓扑结构得到的。随着复杂网络理论研究的不断深入，动态网络拓扑结构研究已经日渐深入。Kossinets等[61]、Wu等[62]通过实证分析的方法讨论了网络拓扑结构在网络的动态演化中的变化规律。但由于社交网络演化研究大多以实证研究为主，并且引起不同社交网络演化的因素差异较大，故关于动态网络演化过程中其拓扑性质的变化规律分析的普适性有待提高，这也是复杂网络理论研究的重要课题。受限于此，动态网络[63]和多层网络[64,65]上的信息传播问题的研究也更为复杂和艰难。

在社交网络中信息传播问题的相关研究中，预测个体的传播能力[66,67]、识别有影响力的个体[68,69]和识别高度敏感个体[70]等都是学者们非常感兴趣的研究问题。此外，科研工作的现实目的是期望通过事物的表象进行分析预测，并适时地给予干预。运用网络科学的理论和方法探寻信息传播规律、预测信息的传播路径和识别网络中传播能力强的节点的最终目的很大程度上也是源于实际的应用需要。近年来，伴随着现实需求的增多，网络可控性问题引起了学者们的广泛关注，复杂网络的可控制性和控制策略研究已经成为热点研究问题。[71,72] Pastor - Satorras 等[73]、牛长喜[74]详细探讨并阐述了复杂网络上的各种免疫控制策略。从复杂网络的视角研究信息传播问题不断地发展与完善，伴随着新问题的不断涌现，研究嵌入网络结构的信息传播模型方兴未艾。周涛等[75]结合大数据发展的宏观背景，指出动态网络结构演化对于信息传播的影响、具有相互依赖与合作或竞争关系的网络上的传播问题、复杂网络的可控性问题和信息传播网络从微观到宏观结构的自组织演化这四大类研究问题是复杂网络领域尚待解决的研究问题。

近年来，信息传播已经不仅是社会科学领域研究的热点问题，自然科学领域的诸多学科也广泛关注传播研究。如应用数学、应用物理学和系统科学等学科的科研工作者都对传播计算研究展现出极大兴趣。这是学科交叉使然，也是现实需求的推动。伴随着新问题的不断涌现，传统的、单一的研究工具已经远远不能满足科研工作的需要，因此需要综合运用多种研究工具，并不断发展新的理论和研究方法才能更好地解决实际问题。回顾信息传播问题的研究历程也可以看到，自然科学的方法论和社会科学的现象之间的相互促进、共同发展在这一问题的研究史上得到了最好的诠释。

1.3.4 基于人口动力学方法的传播研究

1798 年，英国著名的人口学家、经济学家马尔萨斯（Malthus）利用常微分方程构建了一个指数增长模型，用于解释人口的高速增长，这即是历史上著名的马尔萨斯人口模型。这个模型的提出不仅在人口学发展中具有里程碑式的意义，也将早在 17 世纪就创立的微分方程引入社会科学的研究中。1925 年，人口学家、生态学家阿弗雷德·洛特卡（Alfred Lotka）提出了洛特卡 - 沃尔泰拉（Lotka - Volterra）模型，这是一个描述两个物种之间关系的猎食模型。[76]此后，这个模型被学者们不断扩展，并应用到多物种及其他人口学分析中。尽管借助微分方程方法建立的马尔萨斯模型、逻辑斯谛（Logistic）模型和洛特卡-沃尔泰拉模型最初都是为了解决人口问题而提出的，但因其在解决人口、种群数量变化上的有效性，也催生了一个新的交叉学科——生物数学。[77]历经百年的发展与完善，生物数学已经成为应用数学的一个重要分支。本节将简单回顾生物数学中最著名的传染病模型及其在信息传播研究中的发展及应用。

借助人口动力学理论构建传染病模型的研究范式历史悠久，可追溯到1760年伯努利（Bernoulli）对天花的研究与分析。1911年，罗纳德·罗斯（Ronald Ross）利用微分方程模型研究了疟疾在蚊子和人群之间进行传播的动态行为。[78]研究发现，当蚊子的数量减少到一个临界值以下，疟疾的流行便能够得到控制。这项重要的发现使罗斯获得了诺贝尔医学奖。1927年，为了研究黑死病在伦敦的流行规律，克尔马克（Kermack）和麦肯德里克（McKendrick）构造了著名的SIR（Susceptible-Infected-Recovered）仓室模型[79]，这项工作在传染病动力学的研究中具有里程碑式的意义。基于这些开创性的研究工作，20世纪中叶开始，传染病动力学的建模与研究得以发展并逐渐趋于理论化和系统化，标志性的著作是Bailey于1957年出版、1975年再版的专著*The mathematical theory of infectious diseases and its applications*[80]。近30年来，国内外传染病动力学研究进展迅速，学者们构建了大量的传染病模型，这些模型既解决了公共卫生领域诸多传染性疾病的传播与防控问题，也促进了非线性微分动力系统理论的进一步发展，亦为其他领域的科研工作提供了量化研究的思路和工具。目前，基于人口动力学和非线性微分动力系统理论建立起来的各类传染病模型已经成为计算机、科学计量、信息传播等领域研究传播行为和传播现象的首选量化研究方法。例如，De等[81]利用传染病SIR模型的理论框架分析了无线传感器网络（WSN）上播送协议的脆弱性和易毁性。Mishra等[82]通过对WSN上蠕虫的攻击行为进行分析，利用仓室思想建立了SEIRS模型，这个模型能够从时间和空间两个维度描述蠕虫传播的过程。Zhu 等[83]则讨论了 WSN 上恶意软件传播的动力学行为和控制策略。Han 等[84]利用传染病 SIRS 模型研究了互联网上计算机病毒传播的动态行为，通过应用微分动力系统方法对该模型进行理论分析，文章给出了决定互联网上计算机病毒传播与否的阈值，并且进一步研究了模型中平衡点的局部稳定性和霍普夫（Hopf）分岔的存在性等问题。Mishra 等[85]讨论了计算机网络中具有垂直传播形式的蠕虫传播模型。Zhu 等[86]则通过构建一个带有时滞的计算机病毒传播模型研究了控制计算机上病毒传播的最优策略。Yang 等[87]进一步讨论了具有非线性感染率的计算机病毒传播模型。

除计算机和互联网中的病毒传播外，传染病模型也是当前科学计量领域的主流研究方法，各种改进的传染病模型被用于研究知识的传播与扩散。近年来，科学计量领域的知识传播问题以 Bettencourt 等学者的研究工作为代表。[88,89]2011 年，Bettencourt 等又在《美国科学院院报》上发表文章，详细阐述了在科学知识的传播和演化过程中涉及的人口数量、地理因素和网络结构的动态变化。[90]另外，传染病模型还被广泛应用于讨论情绪[91-93]、文化[94]甚至宗教信仰[95]的传播与扩散。

应用传染病模型研究信息传播始于 20 世纪 60 年代。1964 年，Goffman 和 Newill 在 *Nature* 上发表了一篇文章，阐述了谣言在人群中的散布与传染病的传播在传播机理和传播过程上具有很大的相似性。[96]1964—1965 年，Daley 和 Kendall 也相继在 *Nature* 上刊文，提出了研究谣言传播的经典的 D-K 模型。[97,98]这个模型借助人口动力学理论及传染病模型构建的思想，对涉及谣言传播的人群进行划分，将谣言传播过程中的谣言未知者、谣言传播者和不传播谣言者类比为疾病的易感者、传播者和恢复者。在将参与谣言传播过程的人群进行划分的基础上，假定个体在不同群体之间进行转换的概率满足一定的分布，并据此进行相应的理论分析和定量计算。此类先导性的研究还包括 Goffman 等学者分别于 1966 年和 1971 年在 *Nature* 上发表文章，讨论如何运用传染病模型解决科研领域中的知识和科学发现的传播问题。[99,100]由于利用人口动力学理论建立的知识、信息等传播模型能够很好地刻画传播机制，加之分析模型动力学性质的微分动力系统方法在数学推导与证明上日趋完善和成熟，使应用传染病模型建立的各种描述人口动态性的信息传播模型如雨后春笋般涌现。Zhang 等[101]提出了信息传播的 SI（Susceptible - Infectious）模型，Nekovee 等[102]、Zhao 等[103]、Li 等[104]、Zhou 等[105]建立了探讨谣言传播规律性的 SIR 模型，而 Huo 等[106]、Gu 等[107]、Xia 等[108]学者认为在谣言传播的过程中，个体存在着一个主观辨识与判断的过程，据此构建了 SEIR（Susceptible - Exposed - Infectious - Recovered）模型。不同结构的刻画传播者数量动态变化的信息传播模型以 SIR 模型的应用最为广泛，其余模型诸如 SI 模型和 SEIR 等模型均是 SIR 模型的特例或改进推广。

伴随着复杂网络理论的不断发展，将传染病模型和复杂网络分析方法相结合，建立带有网络结构的传染病模型讨论信息传播问题已是研究趋势。目前，学者们已经将传染病模型成功运用于随机网络[109]、无标度网络[110]、BBV 网络[111]和 KAD 网络[112]中。这些研究成果不仅使人们获知了更多复杂网络中的传播规律，而且间接推动了网络传染病动力学理论的形成与发展。网络媒介中，信息传播模式呈现出“结构 + 信息”的形式，网络传染病动力学理论的成熟有助于解释更多新的传播现象，解决更多的实际传播问题。

信息传播的量化研究工具中，传染病模型之所以备受青睐，成为科研人员研究信息传播问题时的首选方法，是因为传染病模型是依据病毒传播特点建立起来的一种非线性微分动力系统模型。这种模型既是对真实现象的抽象与模拟，又能进行严格的数理推导和量化分析，从而可以推导出许多严谨而且普适的结论。这种研究思路与研究范式应用于信息传播问题的讨论同样适用。借鉴传染病模型建立的各种信息传播模型能够刻画出信息的传播机制与传播过程，能够呈现信息传播过程中所有参与者的身份、角色和传播状态的动态变化，在一定程度上客观还原了现实生活中的信息传播过程。这种逻辑严密、结构严谨的数学模型有助于科研人员进行深入的理论分析，可以实现借助若干初始条件来预测一系列的行为模式。理论分析部分，借助非线性微分动力系统平衡点的存在性和稳定性理论、极限环和周期解的存在性理论分析模型的动力学性质和行为，可以探讨诸如信息的传播规律、传播影响因素分析和防控策略等问题。更为重要的是，这种新的研究范式有助于学者们在研究信息传播问题时走出以变量为取向的思维定式，更多地从传播过程的角度来思考传播现象和传播机制。毫无疑问，对过程的理解是正确理解人类心理和社会行为的一个重要视角，信息传播过程及传播过程中人类行为的动态变化制约和决定着信息传播的最终结果。

1.4 本书内容概述

通过对过去研究工作的梳理与总结可以发现围绕新媒体中信息的传播与演化规律，学者们得到了许多新的发现和研究结论，前述研究是本书研究的基础。但伴随着社交网络上各种新的传播现象和传播问题的不断涌现，社交网络上的传播计算研究仍面临着诸多机遇与挑战。例如，网络媒介的黏性特征。一般情况下，经由社交网络发布的信息会永久地存在，除非进行刻意的人为删除。网络媒介的这种黏性使在线信息具有了持续的影响力，一条信息在其传播周期后很可能引发第二次，甚至更多次的循环传播。除网络媒介的黏性特征外，社交网络上的传播行为更为透明，因此也更容易引发羊群效应。换言之，人们在社交网络上可以很容易地追踪到他人的行为并进行效仿，尤其是当具有一致性行为的个体数量达到一定的规模时，旁观者往往会主动放弃自身原有的认知和判断而选择与群体行为保持一致。虽然羊群行为是人们日常生活中的一种普遍心理，但在信息不对称情况下，羊群效应对社交网络上的谣言、虚假信息、网络舆情的传播与网络暴力的形成影响巨大。

针对网络媒介的新特征与当下社交网络上的病毒营销、舆论争议与反转、谣言和虚假信息的传播与网络暴力成因等问题，本书在已有研究工作的基础上，综合运用人口动力学理论、传染病模型、非线性微分动力系统理论、复杂网络分析与计量分析方法探讨社交网络上的传播计算问题，并据此给出治理网络空间的若干策略和建议。本书的章节安排与研究内容具体如下：

第一章，绪论。绪论部分简要介绍了社交网络上的传播计算与网络空间治理研究的现实背景与学术背景，系统梳理和回顾了该方向国内外的研究现状，在已有研究工作的基础上，提出了本书的研究内容，给出了本书的篇章结构。

第二章，社交网络信息传播效果的量化。针对网络媒介的新特性，本章从宏观角度提出了一个分段式 SIR 信息传播模型，并具体阐述了依托这个传播模型如何预测一条信息的扩散规模、扩散时间和传播影响力。在理论研究的基础上，利用微博数据验证了用分段式 SIR 信息传播模型预测传播效果的有效性和可操作性。

第三章，产品信息扩散与病毒营销。通过对市场中产品信息的扩散过程进行抽象和模拟，结合个体在搜寻、获知产品信息过程中的心理特点和行为方式，本章建立了一个基于个体重复行为的产品信息扩散模型。在理论分析的基础上，借助谷歌（Google）数据对模型的有效性进行了验证，并将该模型与市场营销中经典的 Bass 模型进行了对比分析。

第四章，网络舆论的竞争传播与反转。通过构建互斥信息的竞争传播模型研究了公共事件、突发事件等社会热点事件中社交网络平台上舆论的竞争传播与反转问题。在网络舆论的竞争传播中，羊群效应和群体压力的作用至关重要，本章借助级数理论中处理隐函数的方法将传播情境中的群体力量进行了合理量化，在此基础上利用非线性微分动力系统的稳定性理论分析了竞争传播系统的稳定性，揭示了社交网络上大众舆论发生反转的原因。

第五章，谣言传播的可控性与控制策略。社交网络上谣言传播问题的量化研究较为丰富，本章的创新在于构建了动态网络上的谣言传播模型，在理论上分析了动态网络上谣言传播是否具有可控性，并给出了控制谣言传播的阈值条件。在谣言可控性分析的基础上，本章也提出了一个谣言免疫控制模型，并具体阐述了控制一条谣言传播的方法及不同网络拓扑结构下的控制策略。

第六章，健康社区虚假信息涌现。社交网络上医疗信息的传播与泛滥问题也亟待解决，本章以健康社区中虚假信息的涌现为例构建了一个 SD 传播模型，据此模型重点分析了健康社区里个体的行为、具有一致性行为的个体形成的群体规模与一条虚假信息传播间的关系，从而揭示了健康社区虚假信息泛滥的原因。

第七章，数字经济时代的网络暴力。本章围绕数字经济时代舆论争议中的网络暴力诱因展开研究，重点讨论了刻意引导、社交网络上的负面评论、负面评论热度与网络暴力间的关系。研究揭示了数字经济时代网络暴力盛行的根本原因，据此提出网络暴力的治理应将舆论争议与经济行为剥离，社交平台应摒弃唯算法论、唯流量论的错误导向。

第八章，网络空间治理。在前述章节研究的基础上，本书最后聚焦于网络空间治理。本章从网络空间治理策略、治理建议和哲学思考角度探讨如何打造开放、文明、和谐的网络舆论环境，为网络空间治理建言献策。

第二章　社交网络信息传播效果的量化

信息的传播和扩散影响着人们日常生活的方方面面，可以说，我们既受惠于信息传播，又受制于信息传播。[113]就学术研究而言，无论信息传播问题如何演化，一条信息传播所产生的传播效果、带来的传播价值永远都是人们最关心的核心问题之一。因此，本章针对社交网络中信息传播效果的量化展开研究。

虽然互联网技术的发展不过短短数十年，但其对人们的生产、生活以及科研等领域的影响却是颠覆性的，对信息传播问题的影响亦是如此。众所周知，网络媒介传播信息的速度更快，传播不受时间、空间和地域的限制，且传播成本低廉。除此之外，在研究以互联网为传播媒介的信息传播问题时，还需要格外关注以下两点网络媒介所独有的新特征及由此引发的新问题。其一，网络媒介的传播模式是“点对点”的传播。每个网络用户都拥有双重身份，其既是一条信息的接收者，同时也有可能是这条信息的传播者。在一条信息的传播过程中，每个用户的角色都是动态变化的。此外，社交网络的广泛使用使每个网络用户都拥有了话语权和知情权，极大地提升了网民参与信息传播的热情。尤其是对突发事件或社会热点事件的跟踪和报道，自媒体往往比主流媒体更为及时。例如，2014 年 12 月 31 日 23 时 35 分，上海市黄浦区外滩陈毅广场发生踩踏事件。由于这一事件发生在新年，而且是在深夜，最先发布该事件相关报道的就是微博上的一个普通用户。此消息一出，经众多网民的转发、评论及后续主流媒体的跟进，“上海外滩踩踏事件”迅速扩散，成为微博热点话题。对于这类突发事件，预测事件相关信息传播的深度和广度，如预测信息传播者的数量及传播者数量到达峰值的时刻对于实施应急管理来说至关重要。其二，与广播、电视等传统媒体不同，网络媒体可以永久地记录和保存发布过的信息，除非是进行刻意的人为删除，本书将互联网传播媒介的这种特性称为记忆性。网络媒介的这种记忆性使一条信息传播所产生的影响力的表现形式更为丰富多样，它既包括信息在传播热度期所产生的直接影响力，也包括其在非热度传播期仍具有的持续影响力。为此，综合且全面地评价一条信息的传播影响力十分必要。

基于上述网络媒介的新特征及由此产生的新问题，本章将建立一个能够刻画这些新特征的信息传播模型，并借助这个模型阐述如何从不同的维度来测量一条信息的传播效果。

2.1 信息传播问题的量化研究方法

传播学是一个非常典型的交叉学科，它广泛涉及了社会学、行为科学、心理学、经济学及人文科学等众多领域。鉴于传播学这种交叉学科的属性，其研究方法和研究手段也伴随着新现象、新问题的涌现而不断更新。在人类文明发展史上，传播概念和传播行为有着漫长而悠远的历史，因此，传播学研究方法史也历经启蒙时期、过渡时期、现代时期，并逐步发展到今天的新媒体时期。[114]一般认为，传播学研究方法进入现代时期开始于20世纪50年代。当时，学者们开始对如何测量传播模式发生了浓厚的兴趣。1949年，美国的两位信息学者克劳德·艾尔伍德·香农（Claude Elwood Shannon）和沃伦·韦弗（Warren Weaver）首先从数学与电子信息传输角度出发，提出了传播的基本要素，给信息传播过程提供了一个实用的类比，即著名的“香农-韦弗模式”。[115]在此基础上，学者们增加了反馈的概念，提出了“韦斯特利－麦克莱恩模式”。[116]另外，学者 Osgood、Suci 和 Tannenbaum 提出的“语义差异”也在一定程度上促进了传播学的发展。[117]语义差异量表和利克特量表曾是传播学研究中应用最为广泛的测量方法。如果说这一时期，量化研究方法已经受到科研工作者的青睐，那么在网络媒体大行其道的今天，量化研究方法可以说是一统天下。

由于传播学的研究内容非常广泛，量化研究方法也得以蓬勃发展。这虽是时代发展的使然，事实上也是学科交叉的必然。虽然量化研究方法众多，但实质上可以归结为两大流派。一类是技术流派，即通过 Java、Python等语言直接抓取网络数据，然后借助各种推荐算法、排序算法等研究传播规律性或进行影响因素分析。另一类是理论流派，这种研究模式侧重借助数学、物理方法对传播过程进行抽象和建模，借助模型性质分析来研究传播规律性及分析潜藏在这些规律性背后的原因。例如，Wang 等[118]利用 Logistic 方程和拉普拉斯（Laplace）原理构造了一个偏微分方程模型来预测在线社交网络上的信息扩散问题。在此基础上，Lei 等[119]讨论了用于研究在线社交网络中信息传播的反应扩散模型的自由边界问题。这两项研究是偏微分方程理论在信息传播领域的典型应用。而在研究信息传播问题时，典型的离散数学模型是元胞自动机模型。宣慧玉和张发在《复杂系统仿真及应用》一书中详细介绍了流言经由个体之间的局部交互进行传播的过程。个体状态和交互规则简单是这种元胞自动机流言模型的一个突出特点，也是这种模型的一个严重不足，极大地限制了元胞自动机模型的应用。[120]此外，应用物理学里的相变理论也常被用来研究谣言传播问题。基于相变理论提出的波茨（Potts）模型能够给出自发谣言模型的解析解，并能够解释谣言传播的一级相变和二级相变。[121]再有，借鉴物理学里振动传播概念的定义，贺筱媛等[122]定义了网络传播系统中的动力学因子，并根据动力学因子对社交网络用户传播行为的影响机理建立具有随机性和适应性的信息传播模型。这种模型的优点是能够在一定程度上将微观个体行为和宏观的系统状态进行关联。[123]

经过各领域、各学科学者们若干年的探索和积累，目前，经典的信息扩散模型包括传染病模型、创新扩散模型、局部相互作用的博弈模型、级联模型、马尔可夫（Markov）随机场图模型和阈值模型。[124]在这些著名的量化模型中，传染病模型的应用最为广泛，其因在传播过程刻画上的出色表现而广受科研工作者的青睐。除能够很好地模拟传播过程之外，这种逻辑严密、结构严谨的数学模型有助于科研工作者们做进一步的理论探索和理论构建。更为重要的是，传染病模型可以实现借助几个初始条件来预测一系列的传播行为。正是基于这些考量，本书也将采用这种基于人口动力学理论建立起来的、能够刻画传播过程、描述传播机理的传染病模型作为研究网络环境中信息传播问题的主要方法和手段。

2.2 分段式 SIR 信息传播模型

虽然信息的传播与传染病的传播有着某些相似性，但传播媒介的变迁及信息本身固有的一些特性，如信息的时效性等也使这两类研究问题呈现出很大的差异，因此，利用传染病模型研究信息传播问题并不是将传染病模型直接平移使用，而在于借鉴传染病模型对于疾病传播过程的抽象和模拟，以此来还原信息的传播过程。而在模拟信息传播过程时，需要特别注意对于信息传播媒介特征的挖掘和刻画及这些新特征和信息自身特性相结合所产生的一些新特点，并能够将这些新特点合理地、适当地体现在信息传播模型中。简言之，利用传染病模型研究信息传播问题时要善于抓住两个传播过程的共性，更要格外关注信息传播过程的特性。下面首先基于共性，借鉴传染病模型对疾病传播过程的刻画来模拟信息的传播过程。

传播媒介假设为一个给定的社交网络，对于其中的任意一条信息，该社交网络平台上的用户（个体）可以被划分为不同的类型。划分的依据是用户对于一条信息的感知、理解、反馈及行为方式的差异。有可能点击、阅读一条信息的用户是易感者，转发或评论这条信息的用户是传播者，已经知道信息内容并且失去传播兴趣的用户是消亡者。这三种类型的用户会构成三个群组，这里分别用记号 S、I 和 R 来表示，这三个群组间的关联关系如图 2－1 所示。

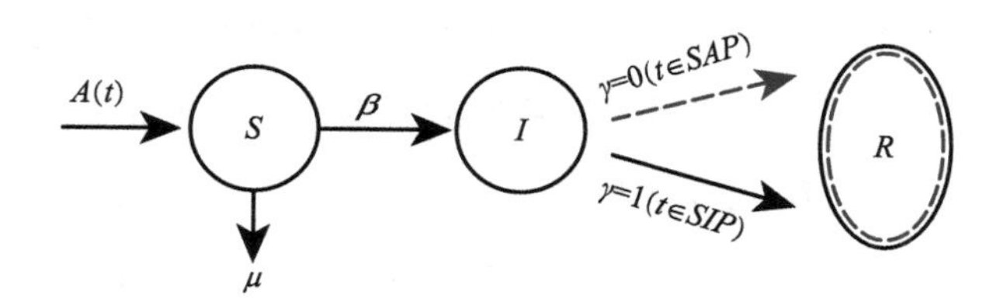

图 2－1　分段式 SIR 信息传播模型

事实上，一条信息的传播和扩散是通过参与传播进程的个体角色的转换来实现的。因此，个体在上述不同群组间进行转换的过程呈现的是信息的传播过程。如图 2－1 所示，假设一个易感个体阅读一条信息后，将其传播出去的概率为 β，这意味着易感群体 S 中的一个个体将以概率 β 移动到传播群体 I 中。而传播群体 I 中的一个个体是否会移动到群体 R 中？移动的概率又是多少？回答这两个问题需明确网络媒介中信息传播的特性。

正如本章引言部分所言，当一条信息通过网络平台进行传输时，通常都会在这个网络平台中留下永久的痕迹。而这些痕迹很可能会诱发这条信息进行新一轮的传播与扩散。由于网络媒介的这种特性，学者们认为社交网络中的一条信息像生物体一样，具有生命周期。对于信息生命周期的研究，Chen 等[125]认为社交网络中的一条信息可以分为“活跃”和“非活跃”两种状态，他们也给出“活跃”和“非活跃”状态的判断方法。在这项研究的基础上，本章将通过网络媒介传播的信息的传播周期划分为传播活跃期（Spreading Active Period，SAP）和传播非活跃期（Spreading Inactive Period，SIP）。具体来说，如果一条信息处于活跃态，那么自然可以认为这条信息处于传播活跃期。否则，这条信息被认为处于传播非活跃期。

回到上面的研究问题，假设一个传播者变为一个消亡者的概率是 γ，那么这个概率 γ 是依赖于信息所处状态的。一方面，在一条信息的传播活跃期内，一个传播个体会一直扮演传播者的角色，不会移动到群体 R 中。这意味着此时概率 γ 是失效的。另一方面，社交网络上信息更新的速度非常迅速，当一条信息处于传播非活跃期时，这条信息就很容易被淹没。从这个意义上看，可以认为传播群体 I 中个体的状态已经发生了改变。事实上，这些传播个体可以被认为已经转移到群体 R 中。这意味着在一条信息的传播非活跃期内，传播群体 I 的转移概率 γ 等于 1。因此，在构建信息传播模型来刻画网络媒介中信息传播规律时，传播群体 I 的转移概率 γ 应该是如下的分段函数：

$$\gamma = \begin{cases} 0 & t \in SAP \\ 1 & t \in SIP. \end{cases} \tag{2-1}$$

需要特别注意的是，网络媒介中一条信息的活跃程度受很多因素的影响，因此，在判断信息的活跃态和非活跃态时应该具体信息具体分析，不能一概而论。

最后，对图 2-1 中的记号 $A(t)$ 和 μ 做如下说明。$A(t)$ 表示 t 时刻一个网络平台的新增用户数量，它是一个随机变量。因为自然界很多随机到达事件都是泊松粒子流，例如车站中随机达到的人流、电话交换台收到的呼叫次数等，不失一般性，这里假设随机进入某个社交网络的用户数量 $A(t)$ 也是服从泊松分布的。并且，假设这些新进入网络平台的用户都是易感个体。相应地，在任意一个时刻，易感群体 S 中也会有很多个体离开，将易感个体离开的比例记为 μ。

综上所述，根据图 2-1 给出的个体状态转化规则，用数量化方法分析群体 S、群体 I 和群体 R 中个体数量的动态变化，可以得到如下描述信息传播过程的分段式 SIR 信息传播模型：

$$\begin{cases}\dfrac{\mathrm{d}S}{\mathrm{d}t}=A(t)-\beta SI-\mu S\\[2ex]\dfrac{\mathrm{d}I}{\mathrm{d}t}=\beta SI-\gamma I\\[2ex]\dfrac{\mathrm{d}R}{\mathrm{d}t}=\gamma I.\end{cases}\tag{2-2}$$

其中，$S(t)$、$I(t)$ 和 $R(t)$ 分别为 t 时刻这三个群体的人口密度。$A(t)\sim P(\Lambda,\ \sigma)$，$\Lambda$ 和 σ 分别为泊松分布的均值和方差，$\beta\in(0,\ 1)$，$\mu>0$，γ 是如式（2－1）所示的分段函数。

针对网络传播媒介的记忆性及信息本身的时效性特点，模型（2－2）呈现了一条信息在不同时期（传播活跃期和非活跃期）的传播过程。现结合实际需求，阐述如何借助模型（2－2）来度量一条信息的传播效果。本章选择度量一条信息的传播效果的指标为一条信息的扩散规模、扩散时间及传播影响力。下面逐一来介绍这三个指标的含义和计算步骤。

2.3 信息传播效果的度量

2.3.1 扩散规模

在实际应用中，无论是从产品运营的角度想要推动一条产品信息的扩散，还是基于网络舆情监管的需要想要控制一条虚假信息或谣言的传播，人们最关心的核心问题都是相似的，人们期望掌握一条信息的扩散规模。尽管实际需求很迫切，但对此进行量化却较困难。这是因为信息的扩散规模是一个比较宽泛而模糊的定义，不同人对其理解的程度和侧重点也各有不同，因而学术界对这个概念并没有严格的界定。结合上节建立的描述群体状态的信息传播模型（2－2），本节采用传播一条信息的人数作为其扩散规模的一个近似度量。由模型（2－2）可知，$I(t)$ 描述的是传播者数量的变化曲线，因此，只要能求得解曲线 $I(t)$ 的具体表达形式，那么自然可以近似地估计一条信息的扩散规模。但遗憾的是，对于如模型（2－2）所示的这种三维动力系统模型（甚至降维为二维动力系统）而言，在理论上只能证明解析解的存在性，无法计算出解的显式表达式。

至此，信息扩散规模的量化工作似乎又无法完成。但庆幸的是，科研方法与科研问题总是相生相长。虽然模型（2－2）的解析解未可知，但数值分析提供了求解该模型近似解的途径。求解模型（2－2）这类微分动力系统数值解的思路为：①估计模型中的未知参数；②将求得的估计值代入原方程组，利用迭代算法计算模型的近似解。下面逐一介绍这两步的具体计算过程。

第一步：参数估计的原理与实现过程。

由于 γ 是一个分段函数，模型（2－2）实际上是一个抽象的两阶段式概括模型。结合实际的应用需求，这一概括模型可以改写为如下两个具体模型：

$$\begin{cases} \dfrac{dS}{dt} = A(t) - \beta SI - \mu S \\ \dfrac{dI}{dt} = \beta SI \end{cases} \quad t \in SAP \tag{2-3}$$

和

$$\begin{cases} \dfrac{dS}{dt} = A(t) - \beta SI - \mu S \\ \dfrac{dI}{dt} = \beta SI - I \\ \dfrac{dR}{dt} = I \end{cases} \quad t \in SIP. \tag{2-4}$$

本节以传播活跃期的模型（2－3）为例，介绍参数估计的原理和实现步骤。带有初值条件的模型（2－3）的表达式如下：

$$\begin{cases}\dfrac{\mathrm{d}S}{\mathrm{d}t} = \Lambda - \beta SI - \mu S \\ \dfrac{\mathrm{d}I}{\mathrm{d}t} = \beta SI \\ S(t_0) = S_0 \\ I(t_0) = I_0.\end{cases} \tag{2-5}$$

为了后续阐述估计原理的方便，将微分方程组（2－5）记为如下的向量形式：

$$\dot{x} = f(t,x,\theta),\quad x(t_0) = x_0. \tag{2-6}$$

这里，$x = (S,I) \in R^2$ 为状态变量，$\theta = (\Lambda,\beta,\mu) \in R^3$ 是未知参数，$t \in R$ 是时间变量。

将系统（2－6）的观测值记为 x_j，它们是随机变量，且有 $x_j = x(t_j,\theta_0) + \varepsilon_j, j = 1,2,\cdots,n$。这里 $x(t_j,\theta_0)$ 是系统（2－6）当 $\theta = \theta_0$ 时的真实值，ε_j 是随机误差。这些随机误差需要满足如下条件：

（1）$\varepsilon_j (j = 1,2,\cdots,n)$ 是独立同分布的随机变量；

（2）$\forall j$，有 $E(\varepsilon_j) = 0$；

（3）$\forall j$，有 $Var(\varepsilon_j) = \sigma_0^2 < \infty$。

这里，采用最小二乘原理来估计模型中的未知参数。根据最小二乘原理，估计值应该满足如下条件：

$$\hat{\theta}_{\mathrm{OLS}} = \min_{\theta \in \Theta} f(\theta) = \min_{\theta \in \Theta} \sum_j [x_j - x(t_j;\theta)]^2. \tag{2-7}$$

这里 Θ 是待估计参数 θ 的可行域。

基于上述说明，进一步将估计模型（2－6）中参数 θ 的具体过程和执行步骤总结如下：

（1）根据拟解决的实际问题（或针对某一条具体的信息）给模型中的状态变量 S 和 I 合理赋值，并设置合适的初始值，然后利用 MATLAB 工具箱计算微分方程组（2－6）的数值解。

（2）根据模型的实际含义收集原始数据。将这些原始数据作为模型（2－6）中状态变量的观察值。需要特别注意的是，在实际应用中，一般只能在社交网络中收集到传播者 I 的观测值。易感者 S 的观测值很难有较为准确的获取方法。然后利用这些观测值执行优化算法，可以得到模型（2－6）的一组新的未知参数值。MATLAB 工具箱提供了若干优化算法可供选择，本书选择用最小二乘原理来优化目标函数。

（3）将上一个步骤求得的新的参数值代入模型（2－6），重新计算其数值解，并将求得的数值解与观测值进行对比和拟合。反复执行第（2）步与第（3）步，直到误差满足需要时，停止这个迭代过程。

经过上述三个步骤的计算，即可获得一组满足优化算法收敛条件的最优参数值。需要注意的是，模型（2－6）中状态变量的初始条件的选择会直接影响迭代算法的收敛速度，但初始值的选择并没有一般的规律性可循。实际应用中，需要根据实际含义和具体需求灵活选择。

第二步：利用迭代算法计算近似解。

根据上述参数估计原理和收集到的观测数据，可以求得模型（2－6）中未知参数的估计值 $\hat{\theta}=(\hat{\Lambda},\hat{\beta},\hat{\mu})$，则带有初始条件的模型（2－3）可表达为如下形式：

$$\begin{cases}\dfrac{\mathrm{d}S}{\mathrm{d}t}=f(t,S,I)\\ \dfrac{\mathrm{d}I}{\mathrm{d}t}=g(t,S,I)\\ S(t_0)=S_0\\ I(t_0)=I_0.\end{cases}\tag{2-8}$$

这里 $f(t,S,I)=\hat{\Lambda}-\hat{\beta}SI-\hat{\mu}S$，$g(t,S,I)=\hat{\beta}SI$，$S_0$ 和 I_0 为初值，即初始时刻网络媒介中易感者与传播者的数量。

对于求解式（2－8）的微分方程组，数值分析提供了多种成熟的数值算法可供选择。综合考虑数值算法的精度和复杂度，这里采用普适度最高的龙格－库塔（Runge－Kutta，R－K）法来计算式（2－8）的数值解 $S(t)$ 和 $I(t)$ 。

固定步长的 R－K 算法有不同阶数的显式表达，其中，以四阶的 R－K 算法最为经典。四阶的 R－K 算法的每一步都需要计算四次函数值，可以证明其截断误差是步长的五阶高级无穷小。因为四阶算法在精度和复杂度等方面的优越性，在实际应用中被科研工作者广泛采用。根据四阶的 R－K 算法，显然有

$$\begin{cases} S_{n+1} = S_n + \dfrac{h}{6}(K_1 + 2K_2 + 2K_3 + K_4) \\ I_{n+1} = I_n + \dfrac{h}{6}(L_1 + 2L_2 + 2L_3 + L_4). \end{cases} \tag{2-9}$$

其中

$$\begin{cases} K_1 = f(t_n, S_n, I_n) \\ K_2 = f\left(t_n + \dfrac{h}{2}, S_n + \dfrac{h}{2}K_1, I_n + \dfrac{h}{2}L_1\right) \\ K_3 = f\left(t_n + \dfrac{h}{2}, S_n + \dfrac{h}{2}K_2, I_n + \dfrac{h}{2}L_2\right) \\ K_4 = f(t_n + h, S_n + hK_3, I_n + hL_3) \\ L_1 = g(t_n, S_n, I_n) \\ L_2 = g\left(t_n + \dfrac{h}{2}, S_n + \dfrac{h}{2}K_1, I_n + \dfrac{h}{2}L_1\right) \\ L_3 = g\left(t_n + \dfrac{h}{2}, S_n + \dfrac{h}{2}K_2, I_n + \dfrac{h}{2}L_2\right) \\ L_4 = g(t_n + h, S_n + hK_3, I_n + hL_3). \end{cases} \tag{2-10}$$

上面的计算原理是等步长的一步迭代法。该算法的基本原理是利用节点 t_n 上的值 S_n 与 I_n ，由式（2－10）顺序计算 K_1 ，L_1 ，K_2 ，L_2 ，K_3 ，L_3 ，K_4 和 L_4 的值，然后将这些值代入式（2－9），即可计算出节点 S_{n+1} 和 I_{n+1}

的值，这里 h 是迭代步长。这里，I_{n+1} 为所求，它表示 t_{n+1} 时刻传播者数量 $I(t)$ 的近似值，也就是 t_{n+1} 时刻一条信息扩散规模的近似值。

以上为计算一条信息扩散规模的全过程，这种度量方法虽略显繁复和粗糙，但却为量化信息的扩散规模提供了一条可行之路。这个计算方法看似复杂，但借助计算机强大的计算功能，无论是第一步中的参数估计还是第二步中的数值计算都可以通过程序实现，这样就大大降低了计算的难度，提升了计算的可操作性。最后，补充一点说明，正如本小节开始所言，本节将 t 时刻传播者的数量 $I(t)$ 作为这一时刻扩散规模的近似值。对此，不同学者可能持不同观点，认为这种近似不够准确。事实上，t 时刻的扩散规模也可以综合考虑 $I(t)$ 和 $S(t-1)$ 的值来衡量，这里 $S(t-1)$ 表示 t 时刻之前易感者的数量。而对于 $S(t-1)$ 的近似值的计算同样可以依照上述计算过程来执行。因此，本小节提供的量化方法能够用于度量一条信息的扩散规模，至于是否需要计算易感群体的数量可依据计算精度、计算成本等实际需求酌情裁定。

2.3.2　扩散时间

规模之外，扩散时间是度量信息传播效果的另一个重要指标。事实上，扩散时间和扩散规模是相互依存的，这个指标的度量方法已经蕴含在上节内容中。上节计算过程的中心思想是通过参数估计和迭代计算这两个步骤来寻找模型（2－3）的解曲线 $S(t)$ 和 $I(t)$ 的近似值 $\tilde{S}(t)$ 和 $\tilde{I}(t)$，从而估计扩散规模，如果将这个过程看成正向计算，那么预测扩散时间就是反向计算。根据求得的近似解 $\tilde{S}(t)$ 和 $\tilde{I}(t)$，可以估计任意扩散规模下的扩散时间。

理论上，一条信息传播的过程中的所有时间节点都可以预测，但就实际应用而言，有两个时刻最为特殊，本小节将对这两个时间节点的计算做进一步的解释和说明。

其一，传播曲线呈现出类似“钟形”曲线的形式。这是一种最为常见的曲线形式，它描述了人们关注、讨论、传播一条信息时，参与人数逐渐增加，达到一个最大值后，随之慢慢减少，直至绝大部分参与者都不再关注这条信息的全过程。这里，将传播者数量到达最大值的时刻称为“峰值”时刻，记为 t_p 。显然，由 $\dot{I}(t)=0$ 可以求出这个 t_p 时刻。这个时间节点是一个非常重要的参数，它可以衡量一条信息的扩散速度或传播热度。在实际应用中，人们非常重视对这个峰值时刻的预测。

其二，传播曲线没有明显的波峰。例如，在信息的传播活跃期内，由于传播者的状态不发生转移（转移概率 $\gamma=0$ ），由模型（2-3）可知：

$$\frac{\mathrm{d}I}{\mathrm{d}t}=\beta SI>0. \tag{2-11}$$

即曲线 $I(t)$ 是关于时间 t 的单调增函数。这意味着传播者的数量在传播周期内不断增加，并不会呈现出一个明显的波峰，而后开始逐渐减少的情况。这说明在传播活跃期内，峰值的意义已经失效。

实际应用中，如对于负面舆论的应急管理，人们经常会选择峰值时刻作为实施应急干预的参考时间，而当峰值时刻 t_p 无法求得时，则可以借助反向求解方法，通过扩散规模来预测最优的干预时间。具体来说，可以根据事件属性和事件影响力，设置一个传播者人数的上界，这里不妨将其记为 I_c ，这个上界是引起人群恐慌的一个临界值。如果传播者数量超过这个临界值，意味着负面舆论将不可控。当预设 I_c 后，通过反解方程组（2-9），可以很容易计算出传播者数量达到这个上界的时间节点 t_c ，那么这个时间点就是执行应急干预的最迟时间。超过这个时间点再去干预和控制舆论，为时已晚。事实上，由于信息（尤其是虚假信息）传播的特殊性，当人群中散布一条信息的人数达到一个界限时，通常这个界限不一定是传播人数的最大值，就可能会导致人群的恐慌，从而引发很多连锁反应，必须及时给予干预。因此，根据实际需求设置合理的 I_c ，从而反向计算 t_c 和计算峰值时刻 t_p 一样重要。

综上所述，计算扩散时间的方法是反向求解 $\tilde{S}(t)$ 和 $\tilde{I}(t)$ ，计算扩散时间的原则是满足现实需求。扩散时间和扩散规模对于衡量一条信息的传播效果而言是异曲同工的。

2.3.3 传播影响力

为了更全面、更客观地度量一条信息的传播效果，本章选择的第三个度量指标是信息的传播影响力，简称为信息影响力。虽然，信息影响力是衡量信息传播效果的重要标尺，但同样存在没有严格界定和量化困难的问题。本小节仍依托模型（2－3）和模型（2－4）来尝试解决这个问题。

大众传播模式中，一条信息的传播影响力会伴随这条信息传播热度的消失而消失。换言之，一条信息在其传播热度过后，将不再具有任何影响力。但网络传播模式的出现，使人们逐渐认识到一条信息的影响力并不会随着其传播热度的消散而彻底消失，而是仍然会保有某种持续影响力，继续发挥“剩余价值”。为了更准确地刻画和度量网络媒介中一条信息的传播影响力，本小节给出如下两个定义。

【定义 2－1】热度影响力。一条信息在传播进程中拥有的、由其传播者数量决定的影响力称为热度影响力，记为 δ_1 。这个影响力的大小与传播者数量成正比，即 $\delta_1 = k \cdot I(t)$ ，其中 k 为比例系数，它是一个正常数，$I(t)$ 表示 t 时刻传播一条信息的传播者数量。

【定义 2－2】持续影响力。一条信息在传播进程中影响、感染新个体的能力称为持续影响力，记为 δ_2 。

下面来推导 δ_2 的计算公式。事实上，一条信息在传播过程中感染新个体的能力也就是由这条信息所引发的新增传播者的增长速率。因此，度量一条信息的持续影响力 δ_2 ，可以通过计算新增传播者的增长速率来实现，这个增长速率的推导过程如下。

首先计算模型（2-4）的平衡点。由于 $A(t) \sim P(\Lambda, \sigma)$，不失一般性，假设 $A(t) = \Lambda$。令模型（2-4）中每个方程的右端都等于零，求解该联立方程组，可以计算出模型（2-4）存在一个边界平衡点，记为 $x_0 = \left(\frac{\Lambda}{\mu}, 0, 0\right)$。其次，由模型（2-4）的表达式，能够计算 $\tilde{\boldsymbol{F}}$ 和 $\tilde{\boldsymbol{V}}$ 的具体形式分别为 $\tilde{\boldsymbol{F}} = \begin{pmatrix} \beta SI \\ 0 \\ 0 \end{pmatrix}$ 和 $\tilde{\boldsymbol{V}} = \begin{pmatrix} I \\ -\Lambda + \beta SI + \mu S \\ -I \end{pmatrix}$。其中，$\tilde{\boldsymbol{F}}$ 和 $\tilde{\boldsymbol{V}}$ 的数学含义和计算方法可以参考 Van Den Driessche 等的经典文献[126]，这里不再赘述。已知 $\tilde{\boldsymbol{F}}$ 和 $\tilde{\boldsymbol{V}}$ 后，可以相应地计算它们的导数 $\mathrm{D}\tilde{\boldsymbol{F}} = \begin{pmatrix} \beta S & \beta I & 0 \\ 0 & 0 & 0 \\ 0 & 0 & 0 \end{pmatrix}$ 和 $\mathrm{D}\tilde{\boldsymbol{V}} = \begin{pmatrix} 1 & 0 & 0 \\ \beta S & \beta I + \mu & 0 \\ -1 & 0 & 0 \end{pmatrix}$。将边界平衡点 x_0 代入这两个导函数，显然有 $\mathrm{D}\tilde{\boldsymbol{F}}(x_0) = \begin{pmatrix} \frac{\beta\Lambda}{\mu} & 0 & 0 \\ 0 & 0 & 0 \\ 0 & 0 & 0 \end{pmatrix}$ 和 $\mathrm{D}\tilde{\boldsymbol{V}}(x_0) = \begin{pmatrix} 1 & 0 & 0 \\ \frac{\beta\Lambda}{\mu} & \mu & 0 \\ -1 & 0 & 0 \end{pmatrix}$。最后，需要计算 $\boldsymbol{F}$ 与 $\boldsymbol{V}$。已知 $\boldsymbol{F} = \left[\frac{\partial \tilde{\boldsymbol{F}}_i}{\partial x_j}(x_0)\right]$，$\boldsymbol{V} = \left[\frac{\partial \tilde{\boldsymbol{V}}_i}{\partial x_j}(x_0)\right]$，分别对矩阵 $\mathrm{D}\tilde{\boldsymbol{F}}(x_0)$ 和 $\mathrm{D}\tilde{\boldsymbol{V}}(x_0)$ 中的每个元素求偏导，可知 $F = \frac{\beta\Lambda}{\mu}$，$V = 1$。根据 Van Den Driessche 等给出的下一代矩阵原理，可以计算出

$$\delta_2 = \rho(\boldsymbol{F}\boldsymbol{V}^{-1}) = \rho\left(\frac{\beta\Lambda}{\mu} \cdot 1\right) = \frac{\beta\Lambda}{\mu}. \tag{2-12}$$

为了更形象地说明一条信息持续影响力的含义，下面以 $\delta_2 = 3$ 为例，将持续影响力的意义解释如图 2 -2 所示。

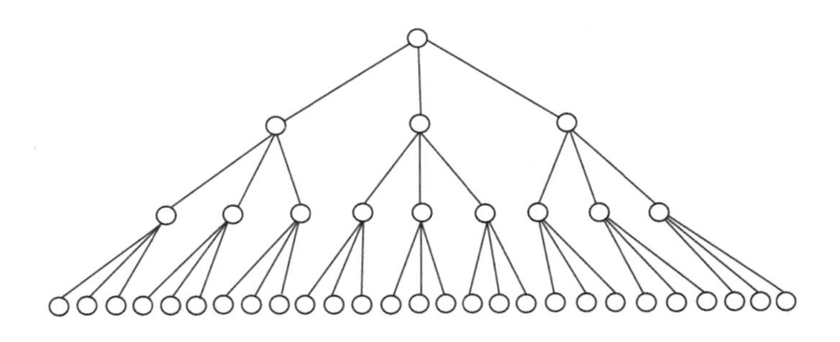

图 2 -2　一条信息的持续影响力为 3 时的传播效果

由式（2 -12）可知，一条信息的持续影响力 δ_2 与热度影响力 δ_1 不同，它和传播者数量无关，而是由参数 Λ , β 和 μ 共同决定。只要能够求得这些未知参数的估计值 $\theta = (\hat{\Lambda}, \hat{\beta}, \hat{\mu})$（参数估计原理见 2. 3. 1），自然可以计算一条信息的持续影响力。

由【定义 2 -2】和上述计算过程不难发现，一条信息的持续影响力越大，说明它的感染其他个体的能力越强，诱发一条信息二次传播的概率也越大，因而能够产生的“剩余价值”就越多。在评价一条信息的传播效果时，综合考虑其热度影响力和持续影响力能够更好地发挥和利用这条信息传递所产生的价值，尤其是在网络媒体时代。

2. 4　微博话题算例

依据上述计算原理，本节将针对引言部分提到的“上海外滩踩踏事件”这一突发公共安全事件，具体演算微博上与此事件相关的信息的传播效果。

2.4.1　数据来源与技术实现

本算例的数据源自微博。微博是目前国内最为流行、日活跃用户最多的社交平台之一。微博不仅承载着人们日常生活中的社交需要，更是众所周知的信息集散地。微博中的每个用户不仅是信息的传递者，更是信息的发现者。任何一个用户都可以随时随地在微博上发布新闻、资讯等内容，很多社会事件的第一手资料及相关报道往往都是来自微博这种自媒体，而非主流媒体，这是本章选择用微博数据进行演示计算的原因之一。另一个原因是微博中信息的质量良莠不齐。虽然在国内主流媒体占据话语权和主导地位的媒体环境下，微博消除了用户间贫富贵贱的差异，为广大网民提供了一个相对自由并且独立自主的发声渠道，使很多草根阶层有了话语权，但也正是因为发布信息的门槛过低、缺少监管的特性也助长了人们在不明真相时散布很多虚假信息。在某一社会事件突然发生后，这种现象尤为普遍。从某种意义上来说，微博已经成为虚假信息滋生的温床。为了消减虚假信息大肆传播给人们带来的负面影响，突发事件发生后的媒体和舆论监管应该重点关注微博平台。

微博上的数据固然非常丰富，但实际采集起来用于科学研究却存在诸多困难。一方面，源于新浪公司对于自身数据的保密，致使很多数据呈现非公开状态，无法获取。另一方面，新浪公司已经开始限制对于微博数据的采集，同一个 IP 地址下载若干数据后，微博账号就会被封锁。基于以上数据获取的困难，经过测试多种抓取数据的方法和程序，本例最终选择利用 GooSeeker 软件来下载本书所需的数据。GooSeeker 相较于八爪鱼、火车头等爬虫软件来说，操作非常简单，只需要将应用程序嵌入火狐（Firefox）浏览器中即可一步步执行数据下载任务。目前，GooSeeker 的中文版本集搜客已经正式上线，其强大的数据获取功能受到越来越多科研工作者的青睐。

2.4.2 样本描述

根据新浪公司发布的《2015 年度微博热门话题盘点》[127]，社会新闻类话题榜单的前三名分别为“天津塘沽大爆炸”“9·3 胜利日大阅兵”和“上海外滩踩踏事故”。其中，“上海外滩踩踏事故”的年度话题阅读数为 11.64 亿，话题讨论数为 18.0 万，话题讨论人数为 16.0 万。对于讨论度和关注度非常高的话题，新浪公司在微博上设置了一个专门的版面用于汇总相关话题，被称为“话题墙”。本例收集的即为#上海外滩踩踏事故#话题墙上的所有数据，总计 68 条相关微博，数据收集的截止时间是 2015 年 9 月 21 日。

在这 68 条微博中我们选择了一些有代表性的微博作为样本来进行演示计算并对计算结果进行剖析。样本选择时，我们考虑了一条微博的发布时间、发布者的属性及该微博的转发数量。从这三方面出发，样本的选取遵循了下面三个原则。第一个原则是选取样本的发布时间既要包含微博用户的常规活跃时段，又要包含用户的非常规使用时段。这样既有代表性，又不失客观性。由于微博用户有很多不同的类型，如名人用户、普通用户、草根明星、传统媒体及企业的官方账号等，这些不同类型的用户在粉丝数量和传播能力等方面有着较明显的差异。因此，我们选择样本时考虑的第二个原则是选取的测试样本要包含普通的微博用户，这种用户是自媒体代表。此外，样本中也要包含传统媒体的官方微博，因为它代表了主流媒体的影响力。最后一个原则是关于微博转发数量的。在样本选择时，固然要包含转发数量很大的微博，但也不能忽视转发数量较小的微博，依此原则选取样本才更客观和全面。基于以上指导思想，最终我们在 68 条原始数据中选择了三条有代表性的微博作为样本数据，现将这三条样本的具体情形描述如下。

第一条样本（Story1）数据选择的是#上海外滩踩踏事故#话题主页上发布的第一条微博，这条微博发布于 2015 年 1 月 1 日 00:35，截至数据收集时间，这条微博共被转发了 30325 次。这条微博的发布者是普通的微博用户，其微博用户名为“宇文若尘”，他的粉丝数是7294。以这个用户为传播源，Story1被转发的情形如图2－3所示。转发示意图是借助北京大学研发的微博可视化软件PKUVIS绘制。[128]

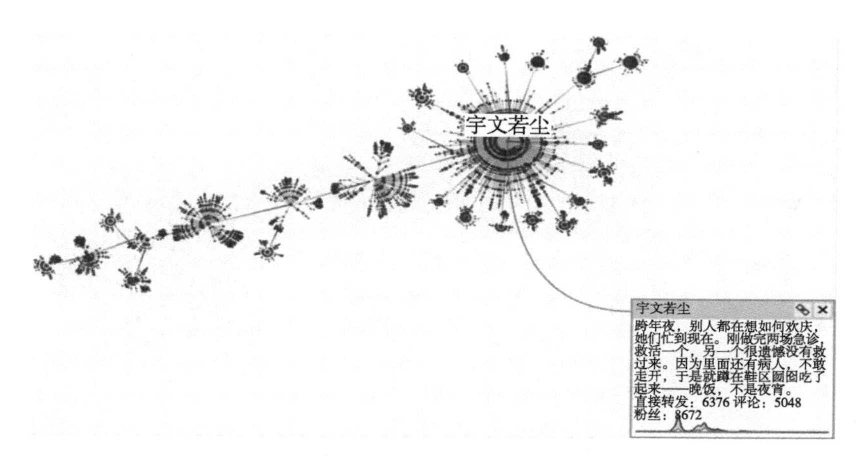

图2－3　Story1的转发示意图

第二条样本（Story2）数据选择的是话题主页上第一个官方媒体账号发布的一条微博，这是该事件发生后第一个主流媒体发布的事件相关信息。这条微博发布于2015年1月1日04:01，截至数据收集时间，这条微博共被转发了37754次。这个官方媒体账号为“上海发布”，该账号粉丝数目庞大，共有560万粉丝。以这条微博为传播源，Story2被转发的情形如图2－4所示。

第三条样本（Story3）数据的确定主要是考虑了信息的发布时间。由于前两条样本数据的发布时间较为特殊（这也是由事件性质决定的，因为该事件发生在凌晨，这个时间段不是用户使用微博的常规时段），故第三个样本数据选取了微博用户常规使用时段中一条较具代表性的微博。这条微博发布于2015年1月1日13:46，截至数据收集时间，这条微博共被转发了2488次。这条微博的发布者为“新浪视频”，这个账号也是官方媒体账号，粉丝同样众多，共有786万粉丝。以这条微博为传播源，Story3被转发的情形如图2－5所示。

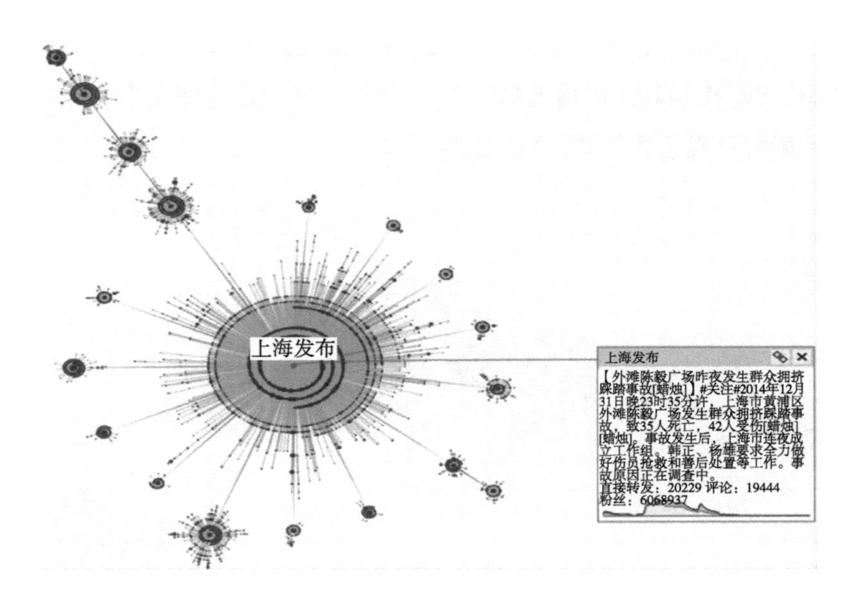

图 2－4　Story2 的转发示意图

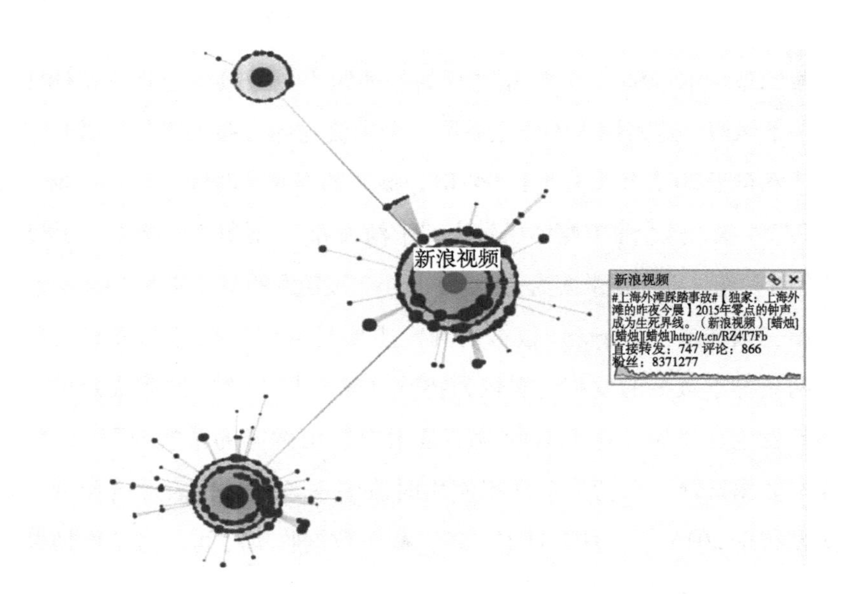

图 2－5　Story3 的转发示意图

需要注意的是，利用 GooSeeker 软件收集到的数据与网页上显示的转发数量存在一些误差，这是因为部分微博被定向转发，这种特殊的转发功能导致这部分数据不显示在转发页面上，故这部分数据无法获取。

2.4.3　实证结果

微博平台对于发表在其上的信息，提供了转发、评论和点赞三种用户互动模式。显然，“转发”一条信息是最直接的传播行为，并且微博页面会显示出转发时间，故本章将收集到的转发者数量视为模型中传播者 I 的观测值，记为 I_t ，这里 $t = 0,3,6,\cdots$ 为收集数据的时间节点（小时）。借助这些观测值，可以估计模型（2－3）中的未知参数，参数估计结果如表2－1所示。

表2－1　参数估计值

参数	Story1	Story2	Story3
Λ	5.80e2	5.80e2	5.35e2
β	1.80e－5	8.00e－5	6.00e－3
μ	1.90e－2	1.55e－2	2.10e－1

已知上述参数估值，自然能够对信息的扩散规模（传播者数量）进行预测，结果如图2－6、图2－7和图2－8所示。

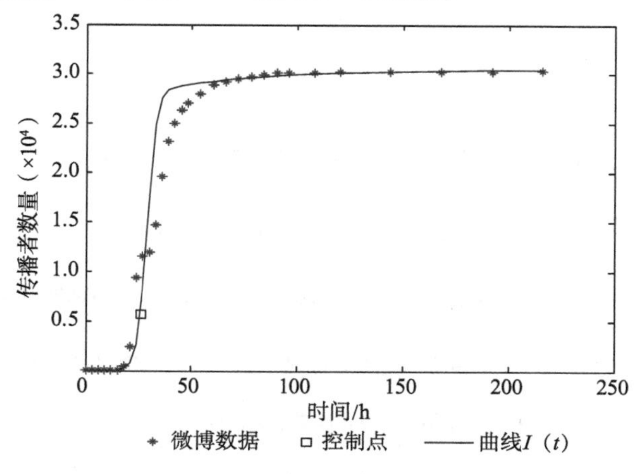

图2－6　Story1的真实数据与模型（2－3）给出的预测曲线

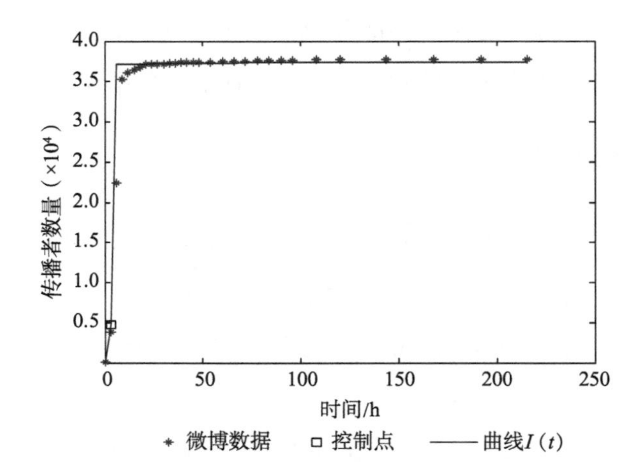

图 2-7　Story2 的真实数据与模型（2-3）给出的预测曲线

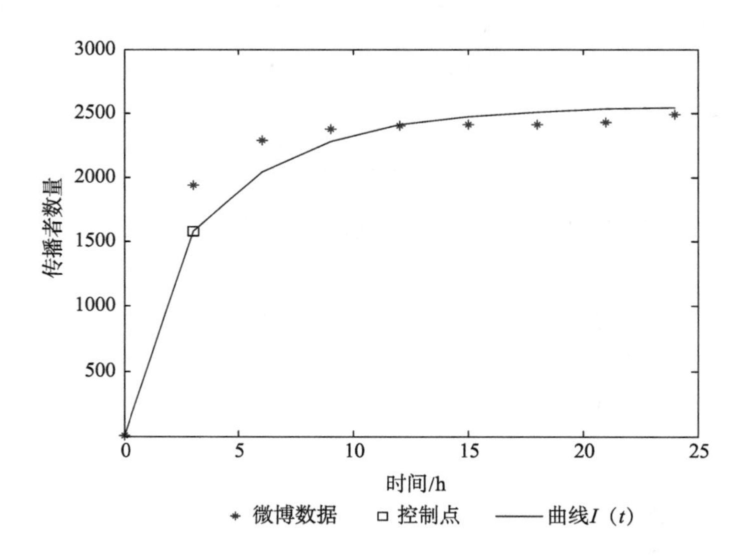

图 2-8　Story3 的真实数据与模型（2-3）给出的预测曲线

上述实测结果显示，仅借助转发数量这一组观测值预测出的信息扩散规模已经与真实情形非常接近，说明本章给出的模型在预测网络媒介中的信息传播规律时是有效的。除扩散规模外，在已知模型中未知参数的估计值后，另外两个度量一条信息传播效果的指标也都可以一一计算出来。作为示例，本小节仅给出了三条样本信息的应急干预时间及它们的持续影响力。这里，计算应急干预时间时，Story1 和 Story2 预设的传播人数上界为5000，考虑到 Story3 的总体转发数量相对较小，干预上界设定为 1500，计算结果如表 2－2 所示。

表 2－2　应急干预时间和持续影响力的计算结果

参数	Story1	Story2	Story3
t_c/h	24	3	3
δ_2	0. 55	3	15

2. 4. 4　结果分析与讨论

上海外滩踩踏事件是一例典型的突发事件，虽然事件发生在深夜，但凭借社交网络强大的传播推动力，使围绕这个事件的话题和各类报道迅速扩散，并不断发酵。虽然该事件是个特例，但事件相关信息的传播效果及其影响因素分析都具有一定的代表性。现对上节的实证结果做进一步的分析和讨论。

在计算一条信息扩散规模和与之相关的热度影响力时，时间节点的选择是随意的，根据实际需要计算即可。因为本章建立的模型（2－2）是确定性模型，曲线 $S(t)$ 和 $I(t)$ 是连续曲线，故能够用于计算任意时间节点上一条信息的扩散规模和与之相关的热度影响力。但对于 t_c 的预测，则需综合考虑信息的发布时间、信息发布者自身的属性及用户使用习惯等因素。由收集到的数据可以发现，Story1 和 Story2 在两周之内的总体转发量较为接近，尽管这两条信息的发布时间都是非常规时段，但显然 Story2 的传播速度更快。这是因为 Story2 的传播概率（$\beta = 0.00008$）是 Story1（$\beta = 0.000018$）的四倍多。因此，同样以转发 5000 次为上界计算应急干预时间，Story2 的最迟干预时间是该信息发布后的 3h，而 Story1 的最迟干预时间是它发布后的 24h。另外，Story1 的发布者仅是一般的微博用户，其粉丝数量仅为 7294，而 Story2 的发布者是官方媒体账号，拥有 560 万粉丝。由此可见，信息扩散速度和应急管理时间的选择与信息发布者的属性密切相关。考虑到 Story3 的总体转发量仅为 2488，故计算应急干预时间时传播者数量的上界设定为 1500。由于这条信息的发布者也是官方媒体账号，粉丝数量巨大，而且发布信息的时间是微博用户的常规使用时段，使该条信息在很短时间内即被大量转发，故应急干预的最迟时间也是其发布后的 3h。

最后，分析这三条信息的持续影响力。由于互联网上信息更新的速度非常快，传播量或转发量较小的信息很容易被淹没于信息的汪洋大海之中。因此，无论是负面信息的应急管理还是在线营销策略推广，人们都十分关注转发量很大的信息，因为这类信息的热度影响力很大，这种做法固然无可厚非，但却忽略了一个非常重要的事实。互联网的记忆性赋予了一条信息持续传播的能力，使得一条信息的热度影响力消失后仍然能够产生传播效果，这种持续影响力的作用不容小觑。在本算例中，Story1 和 Story2 的转发量都非常巨大，而 Story3 的总体转发量相对较小。然而，实际计算可以发现 Story3 的持续影响力 $\delta_2 = 42$，与 Story1 的持续影响力相比，Story3的持续影响力并不小。这说明一条信息即使总体传播量并不巨大，但它仍可能拥有很强的持续影响力。这种情况在实际应用中同样需要给予高度重视。至于哪些信息的持续影响力会更大，本算例的计算结果也具有一定的启示作用。对于同样拥有巨大转发量的 Story1 和 Story2 来说，由表 2 -2 给出的计算结果可知，Story2 的持续影响力远高于 Story1。进一步分析不难发现，信息发布者的属性（粉丝数量等）导致了这一结果。Story2 的发布者是官方媒体账号，粉丝数量庞大，这种账号的传播力和号召力更强，这也是网络营销中选择明星账号发布广告、舆论监管中选择大 V 账号发布导向信息的根本原因所在。

2.5 传播影响力的长尾效应

扩散规模和扩散时间是度量信息传播效果的基本指标，对于它们的预测也是信息传播领域比较传统的研究问题。研究人员曾尝试用很多方法来解决此问题，例如，典型事件的案例分析、基于数据爬虫的统计方法等。但已有研究方法要么缺乏普适性，要么过于偏重技术手段，忽略了信息传播是一个由众多个体广泛参与的过程。并且，在这个过程中，个体的角色会不断变换。正如美国传播学家施拉姆所言，网络媒介的传播模式是点对点地传播。[129]参与传播过程的任何一个个体既可能是受众，也可能是传播者。正是基于这种考量，本章从传播过程出发，提出了一个分段式 SIR 信息传播模型，并依据这个模型给出了度量信息的扩散规模与扩散时间的新方法。这种新的度量方法不仅理论性、普适性更强，也更易操作和执行，是原有技术方法的有益补充。

此外，基于网络媒介的记忆性，本章将一条信息的传播影响力更细致地划分为热度影响力和持续影响力，这种划分能够更全面地描述一条信息的传播效果而不会遗漏在线信息的潜在价值。结合 2.4 节给出的算例，不难发现一条在线信息的传播影响力在其整个传播过程中呈现出明显的“长尾”特征，如图 2－9 所示。

长尾理论是美国《连线》杂志主编克里斯·安德森（Chris Anderson）在研究产品需求曲线时提出的。[130]长尾理论认为，由于效率和成本的因素，过去人们只关注重要的人或事，如果用正态分布曲线来刻画这些人或事情，可以认为过去人们只是关注了曲线的“头部”，而曲线“尾部”的人或事因为需要更多的成本和精力才能关注到，因此往往被忽视了。然而，在网络时代，由于关注成本大大降低，人们可以用很低的成本就能关注正态分布曲线的“尾部”，关注“尾部”产生的总体效益却很大，有时甚至会超过“头部”。正因为如此，安德森预言，网络时代是关注“长尾”、发挥“长尾”效益的时代。事实上，安德森的预言已经被Google、亚马逊（Amazon）等公司成功的商业营销证实。因此，网络时代信息影响力呈现的长尾特征也是一种必然。

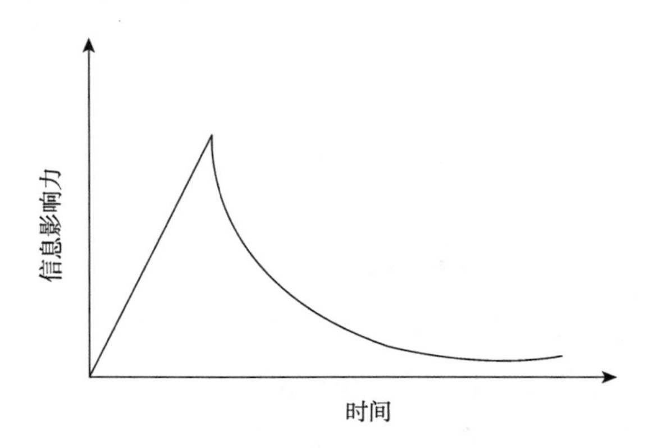

图2-9　信息影响力的长尾示意图

虽然在线信息传播影响力的长尾在学术界并没有严格的定义，但在日常生活中，人们早就已经注意到这种影响力长尾的价值，并在积极地利用它，这一点在在线营销领域体现得最为明显。在线营销借助网络传播模式的记忆性，辅以各类社交网络的分享、转发和评论等功能，使得广告和产品信息等产生持续的影响力，有效增强了传播效果。通常来说，一条信息在网络媒介上首次发布后带来的传播影响力，即该信息的热度影响力相当于影响力曲线的“头部”。随着时间的推移，热度影响力渐渐消失，该信息的持续影响力，即传播影响力曲线的“尾部”将继续发挥传播价值。一条信息的持续影响力是引发该信息二次甚至N次传播的重要诱因。另外，由信息热度影响力和持续影响力的计算公式不难发现，当一条信息在传播热度期内，即处于传播影响力曲线的“头部”时，它的影响力只与其传播者数量直接相关。此时，这些传播者的个体差异对于这条信息的影响力并没有显著的影响。但当这条信息处于传播影响力曲线的“尾部”时，传播这条信息的传播者的个体差异将会凸显，并且这些差异直接影响了这条信息持续影响力的大小。以微博平台为例，一个权威人士或一个明星用户发布的信息显然比一个一般用户发布的信息具有更强的持续影响力。而一条信息的持续影响力越强，这条信息将诱发二次传播的概率就越大。这也是在线营销会选择明星进行代言、意见领袖助力推广的原因所在。由此可见，度量一条信息的持续影响力具有重要的商业价值。

除商业价值之外，信息的持续影响力也解释了虚假信息屡禁不止的原因。在微博、微信等社交平台中，经常会出现诸如吃一碗方便面要花 32 天解毒、瓶装水曝晒后有毒不能喝、Wi－Fi 辐射会损坏健康等帖子。事实上，这些帖子中的内容缺少科学依据，已经被专家证实为谣言。但由于在线信息具有持续影响力，大多数人仍然抱着“宁可信其有”的心态，将这些谣言传播给家人和朋友。以至于诸如此类的虚假信息和谣言不断死灰复燃，泛滥于各大社交网络平台，给人们的日常生活带来很多困扰和危害。将这类信息的持续影响力进行量化对于谣言的整治工作大有裨益，能够做到更加有的放矢，事半而功倍。

2.6　SIR 模型预测应用

为了验证上述 SIR 模型中未知参数的估计及其基础上模型预测的有效性，本节给出了若干具体算例，这些算例的数据来源于微博平台。在样本类型的选择方面，本节选取了微博上带有“#”的热搜话题与拥有大量转发的具体微博这两种类型的信息作为测试样本。由于互联网“清朗行动”的持续推进，微博上的谣言与虚假信息等内容的传播较难收集到大尺度的时间数据，且难于重复验证，故本部分针对网络舆情的传播规律性进行预测。

2.6.1 热点话题传播规律预测

本部分选择了微博上的3个热点话题作为测试样本，样本选择时综合考虑了话题讨论度、话题发布者类型与话题聚焦的事件属性等因素。2021年东京奥运会女子铅球冠军巩立姣在赛后接受采访时，由于采访记者的提问与态度引发了当时社会对于女性婚姻的热议，因此，话题1选取了由微博上的黄V博主“视觉志”在2021年8月4日发起的话题讨论：#女性能被讨论的只有婚姻吗#。该话题的阅读次数为4.2亿，讨论次数为17.9万，原创微博人数1万。

2021年9月底，因东北三省限电引发了全民对于能源、可持续发展、疫情下全球的经济形势与民生等诸多问题的讨论，微博上关于“东北限电”的话题众多且均有很高的热度，话题2选取了由蓝V用户“新京报”在2021年9月26日发起的话题讨论：#国家电网回应东北地区限电#。这一话题的阅读次数为9029.2万，讨论人数1万。

话题3选取的是2021年10月4日当天的一条实时热搜：#中国松茸在日本卖到1公斤670元#。数据采集时间为2021年10月4日21:29。由于微博上搜热话题的统计数据存在实时变动，本部分用于验证SIR模型参数估计的话题1与话题2的数据收集截止时间为2021年10月3日，话题3的数据收集时间为2021年10月3日—10月4日。以上话题样本的详细数据汇总如表2－3所示。

表2－3 话题样本数据信息汇总

样本	话题内容	话题发布博主	阅读次数	讨论次数	收集时段
话题1	#女性能被讨论的只有婚姻吗#	“视觉志”（黄V）	4.2亿	17.9万	2021年8月4日—2021年10月3日

续表

样本	话题内容	话题发布博主	阅读次数	讨论次数	收集时段
话题 2	#国家电网回应东北地区限电#	“新京报”（蓝 V）	9029.2 万	1 万	2021 年 9 月 26 日—2021 年 10 月 3 日
话题 3	#中国松茸在日本卖到 1 公斤 670 元#	实时热搜	—	—	2021 年 10 月 3 日—2021 年 10 月 4 日

利用微博平台提供的统计数据，本部分分别将话题 1 在 1h 内的实时阅读人数、话题 2 在 4 天内的讨论人数与话题 3 在 1h 内的实时阅读人数视为 SIR 模型中传播者 I 的观测值，记为 I_t，这里 t 为收集数据的时间节点，话题 1 与话题 3 的时间间隔为 10min，话题 2 的时间间隔为 1 天。借助这些观测值，可以分别估计模型（1）中的未知参数，参数估计结果如表 2 – 4 所示。

表 2 – 4　话题 1 至话题 3 的参数估计值

参数	话题 1	话题 2	话题 3
Λ	900	20	880
β	0.003	0.008	0.00075
γ	0.48	0.7	0.11
μ	0.12	0.5	0.45

根据表 2 – 4 中的参数估计值，可以对上述话题 1 至话题 3 的真实传播情况进行模拟与预测，预测结果分别如图 2 – 10 ~ 图 2 – 12 所示。

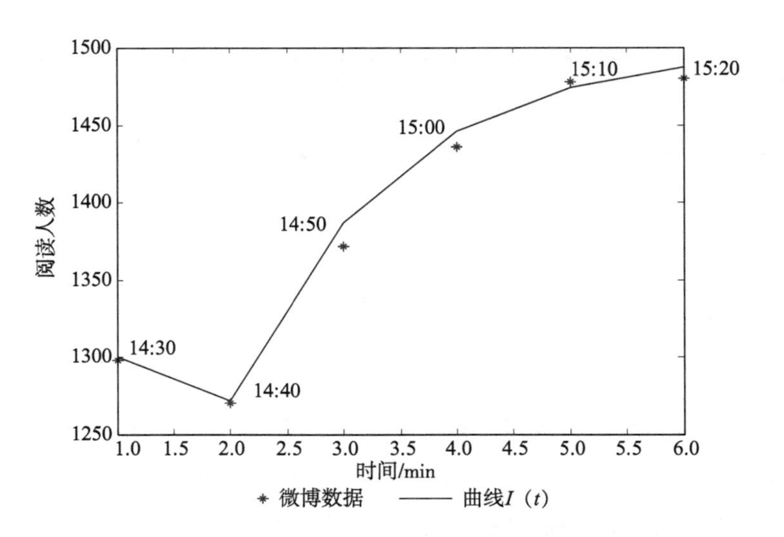

图 2－10　话题 1 的微博数据与模型给出的预测曲线

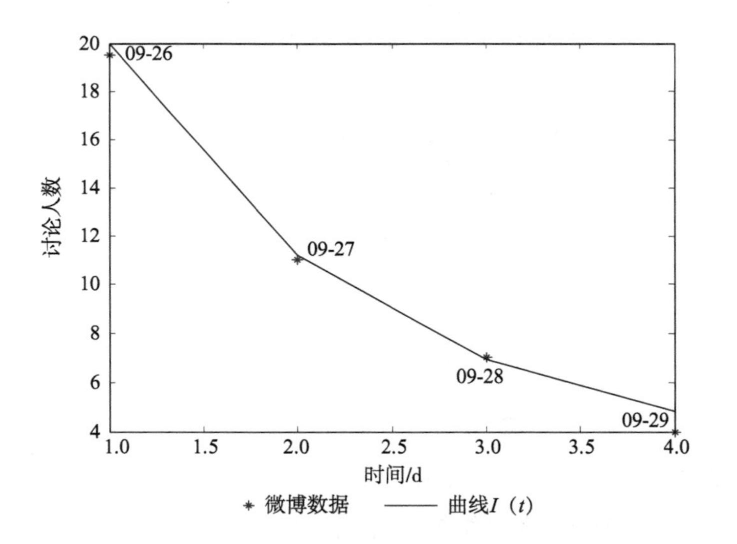

图 2－11　话题 2 的微博数据与模型给出的预测曲线

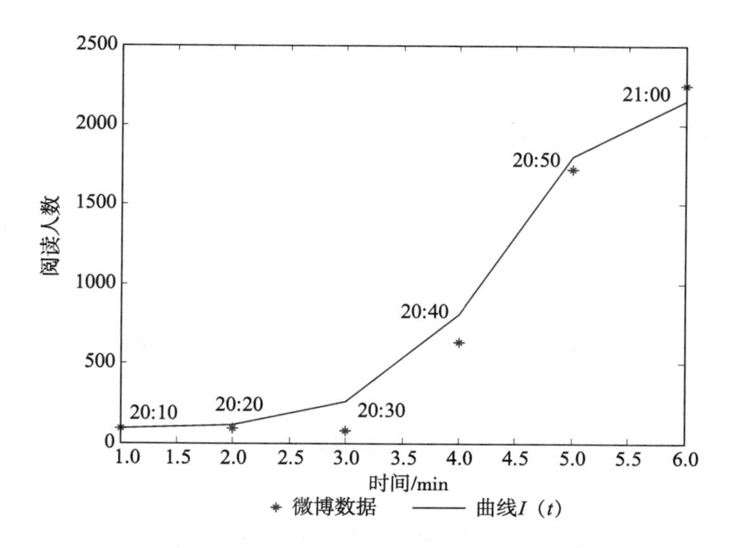

图 2－12 话题 3 的微博数据与模型给出的预测曲线

2.6.2 高转发量微博的传播预测

除了选取上述热议话题作为测试样本，本部分还选取了一条高转发量的微博来测试书中给出的 SIR 模型用于数值预测的有效性。该样本是“红星新闻”在 2021 年 8 月 25 日发布的一条微博，与前述话题讨论的大众议题不同，这条微博内容是关于两位明星粉丝互撕的事件。由于事件本身热度很高，且发布者“红星新闻”是微博蓝 V 用户，拥有 1471.5 万粉丝，故该微博的转发数量与评论数量均很大。收集这条微博的数据借助了软件 GooSeeker 完成，相较于八爪鱼、火车头等爬虫工具来说，GooSeeker 采集器操作相对简单，只需要将应用程序嵌入 Firefox 浏览器中即可一步一步地执行数据下载任务，且有部分的免费权限。但需要注意的是，与其他爬虫工具类似，利用 GooSeeker 软件收集到的微博转发数量与页面上显示的转发数量存在一定的误差，是因为部分微博会被定向转发，这种特殊的转发功能导致这部分数据无法获取。

利用 GooSeeker 软件收集到这条微博在 8 月 26 日 01:11 到 10 月 2 日 16:35 的转发数据 674 条，将这些原始数据进行处理后，结合微博平台上信息的热议时间区间，本部分选取了两个时段分别进行参数估计与其基础上的预测。这两个时间区间分别为 8 月 26 日 01:11—04:49 和 8 月 26 日 02:00—8 月 27 日 08:59，即微博页面上显示的转发时间的前 4 个小时和前 8 个小时，将这两个时段的转发人数视为 SIR 模型中传播者 I 的观测值，记为 I_t ，这里 $t = 1,2,\cdots,9$ 为收集数据的时间节点（小时）。借助这些观测值，可以估计 SIR 模型中的未知参数，参数估计的具体结果如表 2 – 5 所示。

表 2 – 5 “红星新闻”微博的参数估计值

参数	8 月 26 日 01:11—04:49	8 月 26 日 02:00—8 月 27 日 08:59
Λ	70	150
β	0.008	0.009
γ	0.88	1.82
μ	0.655	0.71

根据上述参数估计值，分别对此微博在两个时段内的真实传播情况进行模拟与预测，预测结果如图 2 – 13 与图 2 – 14 所示。

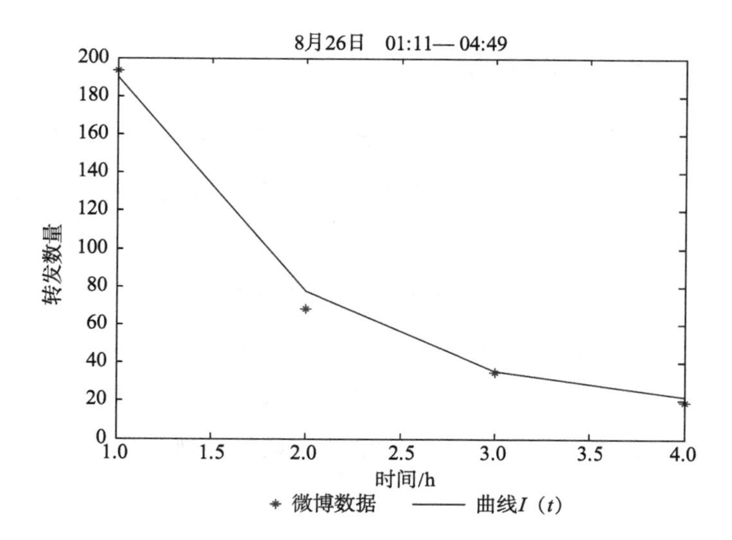

图 2－13 “红星新闻”4h 内的真实数据与模型给出的预测曲线

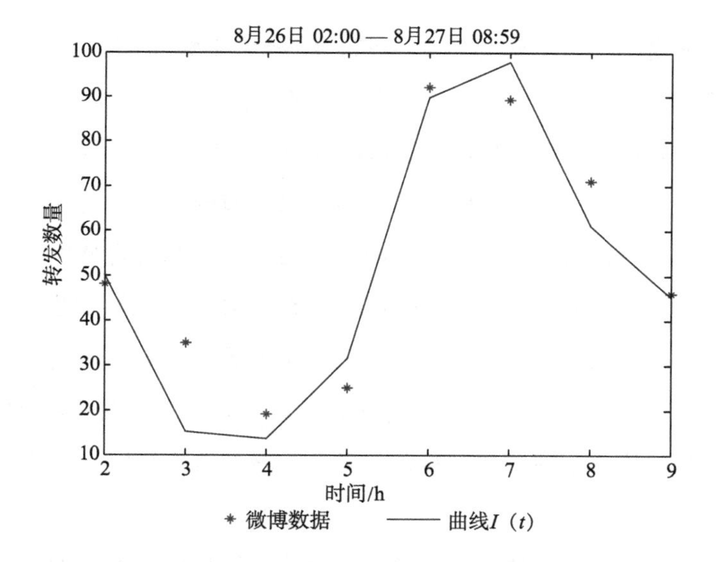

图 2－14 “红星新闻”8h 内的真实数据与模型给出的预测曲线

2.6.3 模型的有效性与应用

由图 2－10 至图 2－14 可以发现，仅借助阅读、讨论或转发数量作为观测值预测出的曲线 $I(t)$ 的变化趋势与微博上真实的传播情形非常接近。此外，图 2－10～图 2－14 显示了书中给出的参数估计方法及其基础上的预测对于有波动的递增、严格的单调递减、严格的单调递增及单波峰波谷的震荡等不同曲线形式都是有效的。综合以上两方面的分析可知，对 SIR 信息传播模型中的未知参数进行估计，并且依据这些估计值去模拟与预测社交网络中的信息传播规律是可以实现的。

2.7 本章小结

针对网络媒介具有记忆性的特点，结合传染病模型对传播过程的模拟，本章建立了一个分段式 SIR 信息传播模型，并详细地阐述了如何利用该模型来度量信息的扩散规模、扩散时间及传播影响力。这三个指标能够比较全面且客观地评价一条信息的传播效果。前两个指标比较平凡，在实际应用中根据具体的需求定量计算即可，第三个指标需要特别说明。研究发现，一条信息通过网络媒介进行传播时，其影响力具有明显的长尾特征。信息传播者的数量只能在一段时间内（传播热度期）体现一条信息的传播影响力，代表一条信息的传播能力。当一条信息的传播热度期过后，发布该信息的用户属性，如发布者的身份、粉丝数量等因素将决定这条信息的持续影响力。

从理论角度来说，这种从宏观层面上量化信息传播效果的研究是讨论各类信息传播问题的基础。就实际意义而言，无论是期望扩大正面、积极类信息的影响力，如商业营销类信息，还是抑制负面、消极类信息的不良影响，如对负面舆论的应急管理，都需要对在线信息传播者的数量进行预测，对信息传播者数量达到峰值时的时间节点进行预估，以及对信息的持续影响力进行判断。因此，本章的研究不仅是信息传播效果量化研究方法的有益补充，也是指导实践工作的利器。

第三章　产品信息扩散与病毒营销

与传染性疾病、计算机病毒等传播问题不同，信息传播问题更为复杂的主要原因是参与信息传播的主体是自然人，人的意愿、态度与传播行为具有很强的主观性，且很容易受到自然环境、传播媒介和社会潮流等外部因素的干扰。一旦参与传播的个体心理感受与传播行为发生改变，信息传播规律也将发生显著变化，甚至会引发很多衍生现象，例如，信息级联、产品或服务的口碑反转等。病毒营销是近年来市场营销领域备受关注的一种营销方式，本章以社交网络上的产品信息扩散为例，分析个人行为与决策对产品信息扩散的影响，研究如何通过个体行为来预测产品信息的扩散规模，揭示病毒营销的奥秘。

3.1　理论概述

互联网与社交网络没有兴起和涌现之前，大众传播模式是点对面的，在这种传播模式下，传播者与受众之间有着明确的界限。信息发布者负责采集、加工、制作信息并进行传播，承担着传播者的角色。接收信息的人是受传者，也称为受众，在大众传播模式中，受众基本上是被动地接收信息。虽然受众的文化背景、教育背景与性格等个体差异对信息扩散规模有一定影响，但这种影响并不十分显著。

1998 年 5 月，联合国新闻委员会年会正式把互联网定为继报纸、广播、电视之后的第四媒体。[131]网络媒体的出现和跨越式发展把人们带入了Web 2.0时代。如果说Web 1.0时代的网络媒体还带有点对面的传播特征，那么Web 2.0时代的传播模式则完全是点对点的传播。Web 2.0时代最为显著的特征就是个人越来越多地使用媒介，而不是为媒介所利用。此时，媒体发言权转移到个人手中，个体随时可以通过电脑、智能手机等终端接收信息并进行传递。这意味着信息传播者与受众之间已经没有清晰的界限，每个个体都扮演着传播者和受众的双重角色。当个体获得了更多的权限和自由后，个体的文化与教育背景、个体的心理与行为差异等对信息扩散规模和传播效果的影响开始凸显。本章将以营销领域中的产品信息扩散为例，从个体心理学和行为学视角来探讨个体行为与产品信息扩散间的关系。

3.1.1 传播研究中的心理学理论

追溯传播学的发展历程可以发现，传播学的学科边界一直比较模糊，它似乎是一门永远处在当下状态的学科。一方面，这与传播学庞杂复合的研究对象和开放的研究领域有关；另一方面，传播学是在不断借鉴和吸收相关学科研究的基础上完善和丰富起来的。

在传播学的发展过程中，除了社会学、统计学和信息科学对该学科发展的积极促进作用，心理学理论亦对传播学发展有巨大影响。事实上，心理学作为一门相对成熟的学科，在传播学的开创和建立过程中均发挥了重要的作用。传播学的创始人美国学者施拉姆在确立传播学的四大奠基人时，列举了两位知名学者靳温和霍夫兰，他们均是心理学家。[132]心理学和社会学一样，是传播学发展的重要推动力。传播学领域中的大量课题都和心理学密切相关，例如，有关态度转变的说服研究、群体动力学中的人际传播网络研究、大众传播中的群体心理问题研究等。

在一百多年的发展历程中，心理学产生了一系列的相关学派。其中，行为主义心理学对早期传播学的影响最为巨大。行为主义心理学认为个体行为是人的心理活动的体现，脱离了具体的行为，仅仅通过思辨的方式来研究意识的内在规律的做法是不可取的。依据这种思路，行为主义的研究方法被直接应用于早期传播效果的研究中。而后，以马斯洛为开创者的人本主义心理学派的出现，接续着行为主义心理学，对传播学发展产生了深远的影响。[133]马斯洛理论强调传播是基于人的自身需要，传、受双方是平等的，互为主体，以此实现更好的传播效果。如果说，马斯洛理论在点对面的大众传播时代非常具有前瞻性，那么点对点的网络传播可以说是完全践行了这一理论。正如预期的一样，点对点的传播模式使得参与传播过程的每个个体都是平等的，每个个体都能发挥自身的价值，个体之间协同互动，呈现出了惊人的传播效果。

方法论之外，本章在建立量化模型研究个体行为对信息传播效果的影响时，还借鉴了大众传播领域三个经典的研究思想和研究理念。1940 年，拉扎斯菲尔德主持了“人民的选择—选战中的传播媒介”研究。[134]这项研究关注了竞选中选民的态度改变、行为变化和关注模式对于竞选结果的影响。1946—1961 年，霍夫兰领导了一项耶鲁研究计划，这个计划从传播过程的基本环节出发，研究了影响受众的认识、态度与行为的因素。[135]具体来说，该研究从传播信息、传播者、受众和受众的反映四个方面展开，主要的理论依据是基于个人差异的选择性影响理论。20 世纪 30 年代初，在艾奥瓦杂交玉米研究时期，心理学中关于注意、知道与行为转变的相关研究成果为分析个人是如何接受创新的过程提供了理论依据。研究发现，在社会互动中人际传播对创新扩散有着重要的影响。此后，罗杰斯针对创新扩散问题展开了一系列相关研究。[136]其中，受众者的创新精神可以积极推进各种思想、观念和技术的传播这一发现可以被认为是今天很多创新扩散模型的雏形。这三项研究是传播学领域十四个里程碑式的经典研究中的三例，这些研究都揭示出一个事实：即使是在大众传播模式下，个体的认知、决策与行为模式的改变也对传播结果和效果有重要影响。因此，可以预言在网络传播模式下，个体的行为及行为模式的改变将影响甚至决定着信息传播与演化规律。

3.1.2　传播研究中的行为学理论

信息的传播与扩散既然是由人参与并主导的一种社会活动，那么人类行为的一些基本规律和特征及群体的行为规律和后果都将对这一社会活动产生重要影响，本小节将重点阐述个人行为特征对信息传播的影响，信息传播中的群体行为将在后续章节进行分析。

在日常生活中，人们为什么乐于关注、获取、分享和传递信息呢？学者们对这一问题进行深入研究后发现，产生这些行为的根源在于人们对信息存在需求。Wilson[137]认为人们获取信息是为了消除不确定性。Campbell等[138]提出信息需要的产生源于信息缺乏。Kennedy等[139]则主张信息需求源自问题情境，并且伴随任务阶段的变化，信息需求也会随之变化。而一旦当个体产生信息需求，最直接的行为就是对信息进行搜寻，借助搜寻行为获得信息来满足自身的信息需求。[140]需要注意的是，在信息搜索过程中，用户因为很难一次就获取到所需的全部信息，因而会产生多次搜索行为。此外，用户通过搜索行为获取到新的信息后，新信息一方面可能会满足当前的部分信息需求，另一方面也可能会触发新的信息需求，使得信息的需求量反复变化，进而导致信息搜索行为的变化。[141]

除了信息需求导致的个体搜索行为的不断重复与反复变化，个体自身对信息的知觉、学习和态度也是导致个体行为不断变化的重要推动力。[142]在消费者行为学中，知觉被定义为人脑对刺激物的各种属性的整体反应，它是一个对信息进行加工和解释的过程。[143]学习是指长期记忆或行为在内容和结构上的变化，是信息处理的结果。[144]态度则是指个人对某一对象所持有的评价和心理倾向，表现为喜欢和不喜欢某些对象的程度。[145]“积极成像”观点的倡导者美国学者 Norman[146] 主张“态度决定一切”，态度是预测行为结果的关键变量。这一观点认为态度影响认知和评价、影响学习效果和记忆，进而影响行为意向，并最终影响实际行为。由此可见，个体的态度影响和决定着个体的行为。然而，个体态度并不是在真空中形成的，而是受到很多内部和外部因素的影响，随着信息获取、群体压力及说服行为等出现，个体的态度很容易发生改变。C. I. Hovland 和 I. L. Janis 通过深入研究态度改变的过程及其主要影响因素，于 1959 年总结出了关于态度改变的说服模型。[147]该模型总结出影响态度改变的四个影响因素：信息源、信息传播、目标靶和情境。通过对已有的行为学理论的梳理和总结，可以发现信息需求、信息搜寻和个体行为变化之间存在着如图 3－1 所示的逻辑关系。

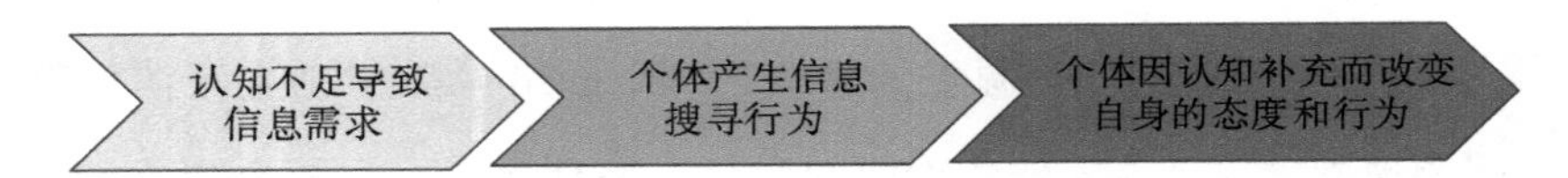

图 3－1　个体因信息量不同导致的行为变化过程

图 3－1 描述了个体行为及行为变化的诱因和影响因素，本章基于这种个体行为的变化构建刻画了个体重复行为的产品信息扩散模型。

3.1.3　病毒式传播与病毒营销

“病毒式传播”的说法是对生物病毒式传播现象的比喻，其借鉴了生物、医学和健康科学等领域的研究成果。[148]1976 年，Richard Dawkins 讨论了“模因”（Memes），他提出“模因”像生物体一样，不仅存在于现实世界中，也存在于我们的观念世界中。[149]1994 年，Douglas Rushkoff 在《媒体病毒：流行文化的隐秘机制》一书中集中讨论了“感染”（Infection）现象的属性。他认为媒体病毒在信息领域中的传播、感染方式与生物性病毒在动物或人体中的流传方式是相似的。所谓的媒体病毒可能是一次事件、一个图片、一段音乐、一种科技、一个观念、一种科学理论、一款服装样式、一个民间英雄人物或一则性丑闻，无论是哪种类型，只要它能够捕获公众的注意，它就足以引发病毒式传播。[150] 1996 年 7 月 4 日，Hotmail 开始提供免费电子邮件服务。随后，病毒营销成为一种崭新的营销手段。[151] 正如 Jeffrey Rayport[152] 所言："尽管我们害怕和憎恶生物病毒与计算机病毒，但是这些能够自我繁殖、自我散播的病毒也给营销人员提供了重要的启示。在当今这个大众市场经济时代，我们不应该回避病毒所暗示的不祥意义，而是应该拥抱这一敌对现象所暗示的比较刺耳的现象：病毒式营销。" 1997 年，"病毒营销" 被定义为一个专用术语开始广泛应用于科学研究领域。[153] 事实上，病毒营销是一种特殊的线上电子口碑，它鼓励人们通过社交活动中的交流和沟通来传递产品信息或者发表对于产品、品牌甚至公司的意见和感受，从而形成较为普遍的共识，并能进一步影响他人。[154] 如果人们在社交活动中的这种相互感染能够像病毒一样迅速扩散，甚至"疯传"，那么任何一条信息都能以数以千计、万计的速度在人群中迅速传播与扩散开来。[155,156]

在传统的营销模式中，投放广告类的宣传策略通常是面向大量客户的。[157] 与此不同，病毒营销首先关注的是一部分初始客户，这些初始客户被称为"种子" 客户，病毒营销策略的精髓在于通过这些种子客户诱发出人们对于某件产品或者服务的口碑的链式反应，从而快速形成舆论效应，进而推动该产品的销量或者服务的认可。[158,159] 显然，种子客户如果是非常有影响力的客户，那么口碑链式反应的发生会更为迅速。也正是这个原因，学者们在寻找有影响力的种子客户或网络节点方面做了大量的研究工作。例如，凭借网络中成员的特征来挖掘有影响力的成员，开发基于用户信任网络的算法来搜索影响力更大的用户等。[160-162]

作为一种营销手段，病毒营销策略的成功在于这种策略充分关注并发挥了社交感染在产品推广中的重要作用。如果种子客户为“意见领袖”这类有影响力的客户，那么人们在各种线上、线下社交活动中的社交感染能够迅速推动产品口碑的链式反应。[163]此外，社交感染也是促使个体产生重复行为的重要推动力。[164,165]在产品信息的扩散过程中，个体的重复行为是形成潜在客户的重要诱因，其商业价值不容小觑。本章的研究亮点就是讨论个体的重复行为在产品信息扩散中的作用。

3.1.4 产品扩散模型

由于本章以产品信息为例，研究产品信息在市场中的传递和扩散过程，进而分析个体行为变化对产品销量的影响，所以本节简要回顾一下新产品扩散模型的相关研究。

市场营销领域，研究新产品扩散问题最为经典的模型是 Bass 模型。1969 年，普渡大学（Purdue University）的 F. M. Bass 教授在 *Management Science* 上发表的《消费耐用品的新产品增长模型》一文是目前营销领域引用率最高的文献之一，Bass 模型已经成为研究新产品、新技术等扩散问题的理论基础。[166,167]基于 Bass 模型，Li 等[168]提出新产品的扩散实质上历经了两个阶段：意识阶段和决策阶段。他们认为在决策阶段，新产品的扩散受到拥有很强说服力的广告的影响就比较小了。Chung 等[169]针对电影、游戏类的短周期产品给出了销量预测模型。Van den Bulte 等[170]则讨论了“influential”和“imitator”在新产品扩散过程中的作用。此外，学者们还对 Bass 模型进行了改进和扩展。Niu[171]提出了一个随机的 Bass 模型，这个随机模型使得 Bass 模型中累计采纳的曲线拓展为一条随机曲线。Ismail 等[172]构建了一个鲁棒 Bass 模型来预测产品销量。Kim 等[173]则提出了一个具有混合常数的 Bass 模型，较好地解决了 Bass 模型的非零初始值问题。Bass 模型框架下的产品扩散模型都是以产品销量为变量来预测产品在市场中的表现的。就研究方法而言，Bass 模型是将参与产品扩散的个体根据其决策行为被划分为“innovator”个体和“imitator”个体，进而依据传染病感染机制建立的一种扩散模型。

除了利用传染病机理建立的 Bass 模型及其衍生研究，计量经济学方法、灰色理论和复杂网络理论等也常被用来讨论产品扩散问题。Elberse 等[174]设计了一个计量学模型来研究国际市场中产品的供给和需求的动态变化。Wang 等[175]提出了一个带有时滞的 Verhulst 模型来刻画新产品扩散过程中的时滞现象。由于市场中的内部因素和外部因素都会影响新产品的扩散，而实际研究中经常会遇到数据不够充分的情况，为了解决这类问题，Guo 等[176]利用灰色系统理论研究产品扩散。伴随着人们消费、购物模式的转变，线上产品扩散和在线营销已经成为学者们研究的新热点。Wu 等[177]研究了消费者网络结构对于新产品扩散的影响。通过在小世界网络上模拟扩散过程，他们发现消费者网络中的弱连接越多，新产品扩散的速度越快。

研究产品扩散、预测产品在市场中受关注的程度及发展潜力等问题，除了可以利用产品销量为度量指标，还可以借助产品信息。正如 Li 等所言：“新产品扩散的过程实际上是新产品信息通过一定的渠道在一个社会系统的成员中传递、分享和交换的过程。”[168]市场研究就是一种重要的市场信息组织活动，在市场经济条件下，信息同资本、原材料、劳动力等生产要素一样，已经成为社会再生产过程中必不可少的一种资源。[178]事实上，企业经营管理者期望研究市场，掌握产品在市场中的表现，预测产品的销售情况等现实需要都可以通过研究市场信息来实现，这也是本章建立产品信息扩散模型的意义所在。

3.2 基于个体重复行为的产品信息扩散模型

如前所述，大量研究表明个体心理与行为影响着信息的传播与扩散，但就研究方法而言，这些研究成果大多是基于抽样调查、案例分析、设计调查问卷和设置分组实验等手段得出的。传播学是依赖于社会学、心理学等学科的发展而逐渐剥离出来的一门学科，研究初期自然会沿用社会学、心理学等社会科学的研究范式。但随着传播学与信息科学、数学、物理、网络科学等学科的融合渗透，采用自然科学的研究范式研究各类传播问题已是必然。下面将借助数量化研究方法描述信息扩散过程，探讨个体行为变化对信息传播规律的影响。

3.2.1 模型建立

当一件新产品投放市场后，人们对于这件新产品会有不同的感知与态度。另外，结合自身的实际需求，人们对这件新产品也会有不同的行为反应。根据这些差异性，可以将市场中和该件新产品产生关联的个体进行分类。由于现实生活中很多人对新生事物特别敏感，并且喜欢追逐新事物、尝试新产品，因此，将基于兴趣而积极、主动关注一件新产品信息的个体划分一个群体，这里称之为产品信息的易感人群，记为 S_1 。这个群体中个体的典型特征是他们对于产品信息的了解和掌握比较粗浅（因为首次接触一件新产品），而且人们完全是出于主观上的兴趣和爱好来关注一件新产品的。相较于主动关注一件产品的易感群体 S_1 ，还存在着这样一个易感群体 S_2 ，这个群体中的每个个体也都有获知一件产品信息的欲望并且非常关注这件产品在市场中的动态。但是，S_2 中的个体关注一件产品及其相关信息的原动力更多的是源于他人或新闻媒介等外在因素的影响。互联网时代，各种在线社交活动不仅使产品信息的传输变得更为迅速、便捷，而且也将社交中人与人之间的相互影响无限放大。人们在各种在线社交活动中，在心理和行为等方面受到的“他人”潜移默化的影响称为社交感染。[179,180]这里，“他人”的外延较广，可以泛指熟人、朋友、同行、专家，甚至是广告宣传、媒体舆论等等。当人们在有意或者无意的社交活动中获知一则产品信息时，由于社交感染的存在，即使大部分人不会立刻购买该产品，但一定会产生重复关注这件产品的心理或行为。换言之，社交感染的存在直接导致了人们关注一件产品的重复性行为。具有这种行为的个体构成的群体就是易感群体 S_2 。另外，由于 S_2 中的个体对于某一件产品的关注次数可能远不止一次，因此，他们对于该产品信息的了解和掌握也更丰富，同时他们也希望获得更多也更详细的产品资讯、产品功能介绍等相关信息，这些都是易感群体 S_2 中个体的典型特征。

在对一件产品有了一定的了解后，有些人会倾向于分享、传递这件产品及相关信息。因此，在线社交活动中积极传播产品信息的个体又可以划归为一个群体，称为产品信息的传播群体，记为 I 。与此同时，传播群体 I 中的个体也会因为受到各种主观或客观因素的影响，对传播这件产品或相关信息失去兴趣。这种获知产品信息后，对该产品不感兴趣且以后也不会再关注这个产品的个体组成了一个新的群体 R ，将这个群体 R 称为产品信息的损失群体。

从以上群体特点和群体形成的过程可以发现，上述四个群体并不是彼此孤立存在的，它们之间的转化关系如图 3－2 所示。

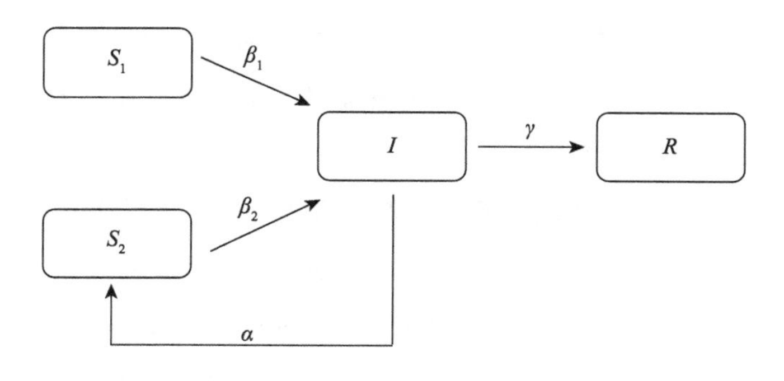

图 3－2　个体在不同群体间转换示意图

在图 3－2 中，参数 β_1 定义为首次传播接触率，它表示 S_1 中的一个个体变为一个产品信息的传播个体的概率。参数 β_2 为重复传播接触率，它刻

画了 S_2 中的一个个体变为一个传播个体的概率。参数 α 衡量了 I 中个体对产品的持续兴趣度，这种持续兴趣在很大程度上源于社交感染的影响和作用。而 I 中个体不再关注一件产品，对该产品信息失去传播兴趣的比例被记为 γ 。

在明确了图 3－2 中各参数的具体含义后，可以分析图 3－2 中四个群体里个体数量的动态变化。由于 S_1 代表市场上第一次接触一件产品的个体的集合，显然这个集合里个体数量的变化是随机的。但同时 S_1 中个体数量的变化也受一件产品的市场容量等因素的影响和制约，因此，假设 S_1 中个体数量的变化服从 Logistic 增长曲线。Logistic 曲线是 Pierre－FranCois Verhulst 在研究人口动态变化时提出的非常著名的刻画人口增长规律性的曲线。[181] 由于 Logistic 曲线是 S 形的，因此也常被称为 S 形曲线。在初始阶段，Logistic 曲线大致呈现出指数增长，然后随着时间的推移，增长变得缓慢，最后达到饱和时停止增长。这种 S 形曲线能够很好地刻画很多现实情境中的人口变化规律。如果将关注一件产品信息的人数最大值记为 K（$K>0$），且 S_1 中个体的固定增长率为 r（$r>0$），则有 $S(t)=\dfrac{KS_0e^{rt}}{K+S_0(e^{rt}-1)}$。这里 S_0 为 S_1 中初始的人口规模，显然有 $\lim\limits_{t\to\infty}S(t)=K$ 成立。与易感群体 S_1 不同，易感群体 S_2 中个体数量的增加只与传播群体 I 中产生重复行为的个体数量有关，其个体增量为 αI 。

由图 3－2 可知，I 中增加的个体来自两个部分：易感群体 S_1 和易感群体 S_2 。这是因为一个传播者发布的产品信息对于 S_1 和 S_2 中的个体都具有吸引力，所以易感群体 S_1 中会有 β_1S_1I 个易感个体转变为传播个体，易感群体 S_2 中变为传播个体的数量则是 β_2S_2I 。虽然不同易感个体变为传播个体的原因不尽相同，但个体离开传播群体 I 的原因却是相同的，即对一件产品失去兴趣，进而不再关注这件产品及传播相关的产品信息。假设离开传播群体 I ，转移到群体 R 中的个体数量与 I 中的个体数量成正比，比例

系数记为 γ ，显然群体 R 中个体增量为 γI 。

若将 t 时刻上述四个群体中的个体数量分别记为 $S_1(t)$ ，$S_2(t)$ ，$I(t)$ 和 $R(t)$ ，根据上述分析及图 3－2 所示的不同群体之间的转换关系，可以得到描述一件产品信息扩散的非线性微分动力系统模型：

$$\begin{cases} \dfrac{\mathrm{d}S_1}{\mathrm{d}t} = rS_1\left(1 - \dfrac{S_1}{K}\right) - \beta_1 S_1 I \\ \dfrac{\mathrm{d}S_2}{\mathrm{d}t} = \alpha I - \beta_2 S_2 I \\ \dfrac{\mathrm{d}I}{\mathrm{d}t} = \beta_1 S_1 I + \beta_2 S_2 I - \alpha I - \gamma I \\ \dfrac{\mathrm{d}R}{\mathrm{d}t} = \gamma I. \end{cases} \tag{3-1}$$

由于这个模型模拟了一则产品信息像病毒一样通过社交感染在人际之间进行传播，因此，本书也将模型（3－1）称为产品信息的病毒式扩散模型。

在模型（3－1）中，根据参数的实际含义，显然 α ，β_1 ，β_2 和 γ 都是正的常数，模型（3－1）的可行域可以表示为 $R_+^4 = \{(S_1,S_2,I,R) \mid S_1 > 0,S_2 > 0,I > 0,R > 0\}$ 。另外，需要特别指出的是，在构建这个产品信息扩散模型时，假设传播群体 I 中的个体对易感群体中个体的影响或感染效果是相同的。换言之，I 中的任意一个个体对 S_1 和 S_2 中任意一个的社交感染效果是相同的，反之亦然。

3.2.2 模型的动力学性质分析

为了研究产品信息在人群中的扩散规律性，下面利用非线性微分动力系统的稳定性理论来分析模型（3－1）的动力学性质和行为。从结构来看，模型（3－1）是一个四维非线性微分动力系统，直接讨论其动力学性质和行为在数学上难以实现。因此，考虑对模型（3－1）进行降维处理。

由于模型（3－1）中前三个微分方程不包含变量 R，因此可以将模型（3－1）化简为如下的三维系统：

$$\begin{cases}\dfrac{dS_1}{dt}=rS_1\left(1-\dfrac{S_1}{K}\right)-\beta_1S_1I\\\dfrac{dS_2}{dt}=\alpha I-\beta_2S_2I\\\dfrac{dI}{dt}=\beta_1S_1I+\beta_2S_2I-\alpha I-\gamma I.\end{cases}\tag{3-2}$$

模型（3－2）虽然是模型（3－1）的低维形式，但它们的动力学性质和行为是完全相同的。虽然相较于模型（3－1）而言，模型（3－2）已有所简化，但目前数学上仍没有方法能够直接求得模型（3－2）的解曲线 $S_1(t)$，$S_2(t)$ 和 $I(t)$ 的具体表达式。一种替代方法是首先计算模型（3－2）的平衡点，然后研究解曲线 $S_1(t)$，$S_2(t)$ 和 $I(t)$ 是如何收敛于模型的平衡点的。

为了求解模型（3－2）的平衡点，令模型（3－2）中每个微分方程的右端表达式都等于零，即

$$\begin{cases}rS_1\left(1-\dfrac{S_1}{K}\right)-\beta_1S_1I=0\\\alpha I-\beta_2S_2I=0\\\beta_1S_1I+\beta_2S_2I-\alpha I-\gamma I=0.\end{cases}\tag{3-3}$$

计算这个三维非线性微分方程组，可以求得模型（3－2）的两个平衡点。它们分别为 $M_1(K,\bar{S}_2,0)$ 和 $M_2(S_1^*,S_2^*,I^*)$，这里有 $0\leqslant\bar{S}_2<S_2(0)$，$S_1^*=\dfrac{\gamma}{\beta_1}$，$S_2^*=\dfrac{\alpha}{\beta_2}$，$I^*=\dfrac{rK\beta_1-r\gamma}{K\beta_1^2}$。其中，$S_2(0)$ 代表易感群体 S_2 的初始值。若令 $R_0=\dfrac{K\beta_1}{\gamma}$，如果 $R_0<1$，显然模型（3－2）有唯一一个平衡点 $M_1(K,\bar{S}_2,0)$；如果 $R_0>1$，则模型（3－2）有一个边界平衡点

$M_1(K,\overline{S}_2,0)$ 和唯一一个正平衡点 $M_2(S_1^*,S_2^*,I^*)$ 。

在求得模型（3-2）的平衡点和明确了平衡点存在条件的基础上，根据非线性微分动力系统的稳定性理论，可以得到如下能够刻画模型（3-2）的动力学性质和行为的定理。

【定理3-1】对于给定任意初始条件 $S_1(0)>0$, $S_2(0)>0$ 和 $I(0)>0$ 的模型（3-2）来说，一条呈现病毒式扩散的产品信息在市场中最终会持续存在还是趋于消失，依赖于阈值 $R_0=\dfrac{K\beta_1}{\gamma}$ 。如果 $R_0<1$ ，并且有 $\beta_2\overline{S}_2-\alpha<0$ 成立，那么模型（3-2）的解 $(S_1(t),S_2(t),I(t))$ 将渐进收敛于 $(K,\overline{S}_2,0)$ ，这里 $\overline{S}_2\in[0,S_2(0))$ ，为初始条件。在这种情形下，一条产品信息最终会在市场上彻底消失。但如果 $R_0>1$ ，那么将有 $\lim\limits_{t\to\infty}(S_1(t),S_2(t),I(t))=\left(\dfrac{\gamma}{\beta_1},\dfrac{\alpha}{\beta_2},\dfrac{rK\beta_1-r\gamma}{K\beta_1^2}\right)$ 成立，意味着一条产品信息在市场中将会持续存在，其不会随着时间的流逝而彻底消失。

证明：由于模型（3-2）在不同的限制条件下可能存在两个平衡点 M_1 和 M_2 ，因此分别来讨论点 M_1 和 M_2 的稳定性。首先，为了便于计算模型（3-2）的雅可比（Jacobian）矩阵，令

$$\begin{cases} rS_1\left(1-\dfrac{S_1}{K}\right)-\beta_1S_1I=P(S_1,S_2,I) \\ \alpha I-\beta_2S_2I=Q(S_1,S_2,I) \\ \beta_1S_1I+\beta_2S_2I-\alpha I-\gamma I=R(S_1,S_2,I). \end{cases} \tag{3-4}$$

这里 $P(\cdot)$, $Q(\cdot)$ 和 $R(\cdot)$ 分别代表变量 S_1 , S_2 和 I 的函数。借助上述记号，模型（3-2）的雅可比矩阵在点 M_1 处的取值为

$$J_{M_1}=\begin{pmatrix}\frac{\partial P}{\partial S_1} & \frac{\partial P}{\partial S_2} & \frac{\partial P}{\partial I}\\ \frac{\partial Q}{\partial S_1} & \frac{\partial Q}{\partial S_2} & \frac{\partial Q}{\partial I}\\ \frac{\partial R}{\partial S_1} & \frac{\partial R}{\partial S_2} & \frac{\partial R}{\partial I}\end{pmatrix}\Bigg|_{M_1}=\begin{pmatrix}r-\frac{2r}{K}S_1 & 0 & -\beta_1 S_1\\ 0 & -\beta_2 I & \alpha-\beta_2 S_2\\ \beta_1 I & \beta_2 I & \beta_1 S_1+\beta_2 S_2-\alpha-\gamma\end{pmatrix}\Bigg|_{M_1}$$

$$=\begin{pmatrix}-r & 0 & -\beta_1 K\\ 0 & 0 & \alpha-\beta_2\overline{S}_2\\ 0 & 0 & \beta_1 K+\beta_2\overline{S}_2-\alpha-\gamma\end{pmatrix}. \quad (3-5)$$

据此，可以进一步计算出矩阵 J_{M_1} 的特征值。显然，矩阵 J_{M_1} 的特征方程为

$$|\lambda E-J_{M_1}|=\begin{vmatrix}\lambda+r & 0 & \beta_1 K\\ 0 & \lambda & -\alpha+\beta_2\overline{S}_2\\ 0 & 0 & \lambda-(\beta_1 K+\beta_2\overline{S}_2-\alpha-\gamma)\end{vmatrix}$$

$$=(\lambda+r)\cdot\begin{vmatrix}\lambda & -\alpha+\beta_2\overline{S}_2\\ 0 & \lambda-(\beta_1 K+\beta_2\overline{S}_2-\alpha-\gamma)\end{vmatrix}$$

$$=(\lambda+r)\cdot\lambda\cdot[\lambda-(\beta_1 K+\beta_2\overline{S}_2-\alpha-\gamma)]=0. \quad (3-6)$$

这里 E 表示单位矩阵。显然，式（3－6）有三个解，即模型（3－2）的雅可比矩阵在点 M_1 处存在三个特征值，分别为 $\lambda_1=0$，$\lambda_2=-r$ 和 $\lambda_3=\beta_1 K+\beta_2\overline{S}_2-\alpha-\gamma$。当 $R_0=\frac{K\beta_1}{\gamma}<1$，并且 $\beta_2\overline{S}_2-\alpha<0$ 成立时，显然有 $\lambda_1=0$，$\lambda_2=-r<0$，$\lambda_3=\beta_1 K+\beta_2\overline{S}_2-\alpha-\gamma<0$。而在 $R_0=\frac{K\beta_1}{\gamma}<1$ 条件下，已知模型（3－2）有唯一的一个平衡点 M_1，所以根据非线性

微分动力系统的稳定性理论可知在模型（3－2）的可行域 R_+^3 中平衡点 M_1 是局部渐进稳定的，这意味着模型（3－2）的解曲线 $(S_1(t), S_2(t), I(t))$ 会渐进收敛于平衡点 $M_1 = (K, \overline{S}_2, 0)$。

对于点 M_2 来说，模型（3－2）的雅可比矩阵在该点处的表达式为

$$
\boldsymbol{J}_{M_2} = \left.\begin{pmatrix} \frac{\partial P}{\partial S_1} & \frac{\partial P}{\partial S_2} & \frac{\partial P}{\partial I} \\ \frac{\partial Q}{\partial S_1} & \frac{\partial Q}{\partial S_2} & \frac{\partial Q}{\partial I} \\ \frac{\partial R}{\partial S_1} & \frac{\partial R}{\partial S_2} & \frac{\partial R}{\partial I} \end{pmatrix}\right|_{M_2} = \left.\begin{pmatrix} r - \frac{2r}{K}S_1 & 0 & -\beta_1 S_1 \\ 0 & -\beta_2 I & \alpha - \beta_2 S_2 \\ \beta_1 I & \beta_2 I & \beta_1 S_1 + \beta_2 S_2 - \alpha - \gamma \end{pmatrix}\right|_{M_2}
$$

$$
= \begin{pmatrix} r - \frac{2r}{K}S_1^* - \beta_1 I^* & 0 & -\beta_1 S_1^* \\ 0 & -\beta_2 I^* & \alpha - \beta_2 S_2^* \\ \beta_1 I^* & \beta_2 I^* & \beta_1 S_1^* + \beta_2 S_2^* - \alpha - \gamma \end{pmatrix}
$$

$$
= \begin{pmatrix} r - \frac{2r}{K}S_1^* - \beta_1 I^* & 0 & -\gamma \\ 0 & -\beta_2 I^* & 0 \\ \beta_1 I^* & \beta_2 I^* & 0 \end{pmatrix}. \tag{3-7}
$$

由此可知，矩阵 $\boldsymbol{J}_{M_2}$ 的特征方程为

$$
|\lambda \boldsymbol{E} - \boldsymbol{J}_{M_2}| = \begin{vmatrix} \lambda - \left(r - \frac{2r}{K}S_1^* - \beta_1 I^*\right) & 0 & \gamma \\ 0 & \lambda + \beta_2 I^* & 0 \\ -\beta_1 I^* & -\beta_2 I^* & \lambda \end{vmatrix} = 0. \tag{3-8}
$$

此处 $\boldsymbol{E}$ 为单位矩阵。求解式（3－8），显然有

$$\left[\lambda-\left(r-\frac{2r}{K}S_1^*-\beta_1I^*\right)\right]\cdot\begin{vmatrix}\lambda+\beta_2I^* & 0\\ -\beta_2I^* & \lambda\end{vmatrix}+(-\beta_1I^*)\cdot\begin{vmatrix}0 & \gamma\\ \lambda+\beta_2I^* & 0\end{vmatrix}$$

$$=\left[\lambda-\left(r-\frac{2r}{K}S_1^*-\beta_1I^*\right)\right]\cdot\lambda\cdot(\lambda+\beta_2I^*)-\beta_1I^*\cdot(-\gamma)\cdot(\lambda+\beta_2I^*)$$

$$=(\lambda+\beta_2I^*)\cdot\left[\lambda^2-\lambda\left(r-\frac{2r}{K}S_1^*-\beta_1I^*\right)+\beta_1\gamma I^*\right]=0. \qquad (3-9)$$

若令 $b=r-\frac{2r}{K}S_1^*-\beta_1I^*$，$c=\beta_1\gamma I^*$，则式（3－9）的三个解分别为 $\lambda'_1=-\beta_2I^*$，$\lambda'_2=\frac{b+\sqrt{b^2-4c}}{2}$ 和 $\lambda'_3=\frac{b-\sqrt{b^2-4c}}{2}$。已知 β_2 和 I^* 均为正常数，显然有 $\lambda'_1=-\beta_2I^*<0$。另外，已知 $S_1^*=\frac{\gamma}{\beta_1}$ 和 $I^*=\frac{rK\beta_1-r\gamma}{K\beta_1^2}$，不难计算

$$b=r-\frac{2r}{K}S_1^*-\beta_1I^*$$

$$=r-\frac{2r}{K}\cdot\frac{\gamma}{\beta_1}-\beta_1\cdot\frac{rK\beta_1-r\gamma}{K\beta_1^2}=\frac{-r\gamma}{K\beta_1}. \qquad (3-10)$$

因为式（3－10）中的各个参数都是正的常数，故有 $b<0$。此外，参数 $c=\beta_1\gamma I^*>0$。当 $R_0=\frac{K\beta_1}{\gamma}>1$ 时，不难计算 $\lambda'_2=\frac{b+\sqrt{b^2-4c}}{2}<0$，$\lambda'_3=\frac{b-\sqrt{b^2-4c}}{2}<0$。这意味着模型（3－2）的雅可比矩阵在点 M_2 处的特征根都具有严格的负实部。并且，已知当 $R_0=\frac{K\beta_1}{\gamma}>1$ 时，M_2 是模型（3－2）的唯一一个正平衡点，所以这个唯一的正平衡点 M_2 在可行域 R_+^3 中局部渐进稳定，即模型（3－2）的解曲线 $(S_1(t),S_2(t),I(t))$ 将渐进收敛于平衡点 M_2，且有 $\lim\limits_{t\to\infty}(S_1(t),S_2(t),I(t))=\left(\frac{\gamma}{\beta_1},\frac{\alpha}{\beta_2},\frac{rK\beta_1-r\gamma}{K\beta_1^2}\right)$ 成立。

【定理 3－1】揭示了一件产品投放于市场后，该产品信息在人群中传播的规律性，这是市场营销与产品运营在设计营销策略和推广产品时非常关心的问题。由【定理 3－1】可知，如果关注一件产品信息的人数的最大值 K、首次传播接触率 β_1 和传播群体 I 中对产品信息失去兴趣的个体的比例系数 γ 满足 $K\beta_1 > \gamma$，那么这条产品信息能够在人群中长期存在，并不会随着时间的推移而消失不见。反之，如果有 $K\beta_1 < \gamma$，并且有 $\beta_2 \bar{S}_2 - \alpha < 0$ 成立（参数 β_2，$\bar{S}_2$ 和 α 分别代表重复传播接触率、群体 S_2 中个体数量的初值和群体 I 中个体对产品的持续兴趣度），那么这条产品信息最终会被人们漠视或遗忘。

3.3 模型有效性分析

3.3.1 基于 Google 数据的曲线拟合

为了测试模型（3－2）的有效性与适用范围，本节首先利用真实数据来验证模型（3－2）的拟合效果。测试数据来源于谷歌公司提供的一款应用产品——谷歌趋势（Google Trends）。它通过分析 Google 全球数以十亿计的搜索结果，告诉用户某一个搜索关键词于不同的时间节点在 Google 引擎上被查询和搜索的频率等一系列相关数据。目前，谷歌趋势可以以分钟为单位记录每个月发生在 Google 上的超过千亿次的搜索，这些实时的搜索记录能够揭示出人们的兴趣点和关注点所在。由于 Google 在全球范围内的普遍流行，谷歌趋势上的数据不仅实时，而且十分丰富和全面，这是选择利用谷歌趋势提供的数据来验证模型（3－2）的重要原因。

由于谷歌趋势上记录的和产品相关的信息和话题数据多种多样，因此，在选择数据时只选取了若干有代表性的曲线形式，对于具体测试数据的选择并没有严格的限制与偏好。但本节在选择搜索字符串（或称为搜索关键词）时遵循了以下原则。首先，“产品”的定义应该更为宽泛，不能只局限于具体的实物产品，因此，选择的搜索字符串涵盖了社交网络的新型应用、流行品牌和实物产品。其次，由于谷歌趋势提供的数据始于2004年，拟搜索的产品应该相对比较新颖，否则没办法获得有效的互联网搜索数据。最后，选择的搜索产品越流行，可以获得的数据也就越丰富。这是因为Google搜索的频率非常高，即搜索频率的数量巨大，在谷歌趋势页面下载和直接观察到的搜索量是谷歌公司基于某种算法处理过的搜索量，并不是真实的搜索次数。如果选择市场中较为小众的产品为搜索关键词，那么谷歌趋势能够提供的数据会比较有限，基于这种数据验证模型的效果时，误差会比较大。基于以上选择搜索字符串的若干原则，最终确定了三个搜索字符串作为测试样本。这三个搜索字符串分别为流行的社交应用软件“照片墙”（Instagram）、智能手机诺基亚（Nokia）Lumia 920和户外服饰品牌“北面”（The North Face）。

选定测试样本后，收集每个样本在任意时间的用户搜索频率。将这些搜索频率数据作为模型（3－2）中信息传播者数量$I(t)$的观测值，以此来计算模型（3－2）中未知参数的估计值。一旦得到一组未知参数的估计值，模型（3－2）即能提供相应的预测曲线。估计模型（3－2）中未知参数值的估计算法很多，本书选择的是最小二乘拟合算法，并借助MATLAB软件来估计未知参数。针对选定的三个搜索字符串，模型（3－2）中的六个未知参数的估计值如表3－1所示。

表3－1　参数估计值

产品	$r\ (10^{-2})$	$K\ (10^{2})$	$\beta_1\ (10^{-4})$	$\beta_2\ (10^{-4})$	$\alpha\ (10^{-3})$	$\gamma\ (10^{-3})$
Instagram	5.0	3.5	0.03	0.9	0.3	0.5
Nokia Lumia 920	0.1	5.0	6.5	81.0	35.0	3.3
The North Face	1.5	8.0	4.7	5.0	0.042	0.027

根据表 3 – 1 给出的参数估计值，分别讨论模型（3 – 2）对于以上三个测试样本的拟合效果。首先，对于广受年轻人喜爱的社交软件“Instagram”来说，自 2011 年推出市场后，搜索热度和关注度就呈现出逐渐上升的发展态势。截至 2016 年 1 月，这种上升的趋势仍然在持续。图 3 – 3 分别给出了谷歌趋势上的真实数据和模型（3 – 2）所给出的预测曲线。显然，模型（3 – 2）给出的预测曲线较好地拟合了真实数据，这说明模型（3 – 2）对于预测类似 Instagram 这种关注度呈现稳定上升趋势的产品是有效的。

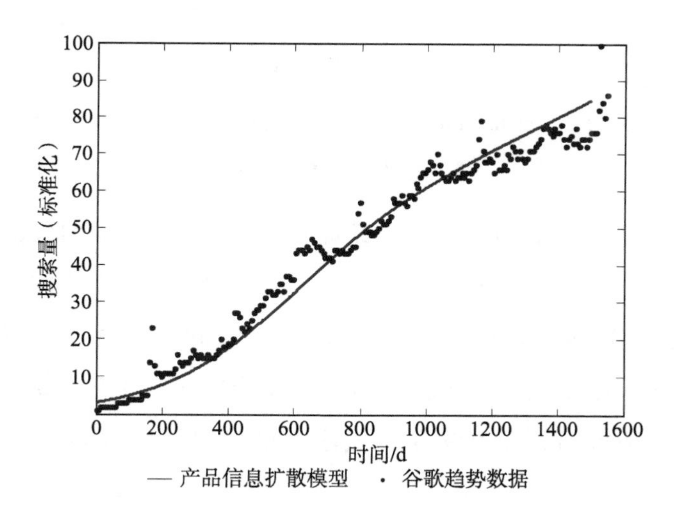

图 3 – 3 “Instagram”的真实数据与模型的拟合结果（2011 年 10 月—2016 年 1 月）

第二个测试产品是一款智能手机，这是一个具体的实物产品。用于获取谷歌数据的搜索字符串是“Nokia Lumia 920”。谷歌趋势的数据显示人们关注这款手机是在 2012 年 8 月左右。截至 2013 年，这款相机的搜索量达到了一个高峰，随后搜索关注度开始逐渐递减。截至 2016 年 1 月，人们关注它的热情已经趋于消失。真实数据和模型（3 – 2）给出的预测曲线 $I(t)$ 的变化形式如图 3 – 4 所示。

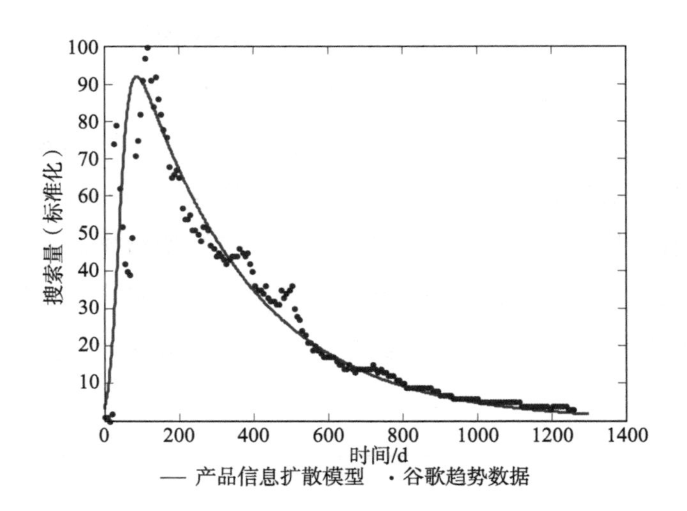

图 3－4 “Nokia Lumia 920” 的真实数据与模型的拟合结果

(2012 年 8 月—2016 年 1 月)

在历时三年多的时间跨度内，纵观人们对于这款产品的搜索频率不难发现，人们对于这款产品的关注度呈现出一个明显的热度峰值。这种关注度变化趋势与 Instagram 的关注度曲线是截然不同的。由图 3－4 可以发现，模型（3－2）给出的预测曲线和真实数据拟合较好，说明模型（3－2）对于预测类似 Nokia Lumia 920 这类关注度呈现明显峰值的产品是非常有效的。

最后一个测试样本是一个户外服饰品牌，获取谷歌数据的具体搜索字符串是“The North Face”。由于这一品牌在市场中存在了很多年，从谷歌公司在 2004 年推出谷歌趋势这一应用开始，谷歌趋势上就有该品牌的搜索记录。从 2004 年到 2016 年（收集数据的时间节点），人们对于这个品牌的关注度呈现出比较波动式的变化规律。在不影响验证模型效果的前提下，这里选择了四年的搜索数据来验证模型（3－2）。谷歌搜索数据和模型（3－2）的预测曲线 $I(t)$ 的变化形式如图 3－5 所示。

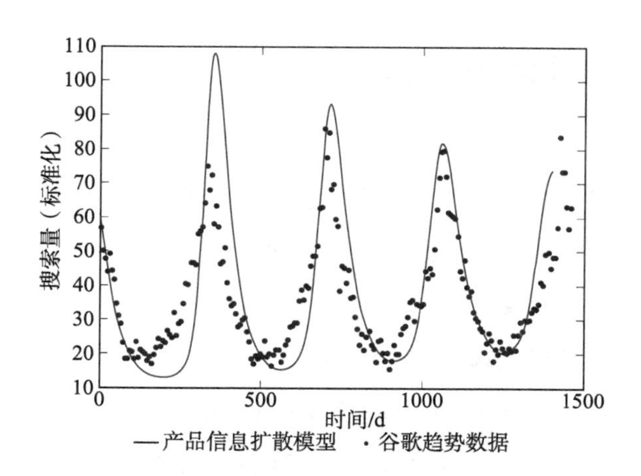

图 3－5　“The North Face” 的真实数据与模型的拟合结果

（2012 年 1 月—2016 年 1 月）

图 3－5 显示，在四年的时间内，The North Face 品牌的搜索曲线呈现出若干个峰值，而且峰值间的时间跨度比较均匀。与前面两个例子相比，该户外服饰品牌的关注度的变化规律性是明显不同的。由图 3－5 可知，虽然存在些许误差，但模型（3－2）给出的预测曲线 $I(t)$ 能够刻画出人们对于 The North Face 品牌关注度的变化趋势。这说明模型（3－2）对于预测类似 The North Face 这类关注度呈现多个峰值的波动式变化规律的产品也是有效的。

以上三个例子说明，模型（3－2）具有良好的普适性。它不仅适用于预测一件产品关注度的逐渐增长，而且能够刻画在产品关注周期内其关注度呈现一个明显的峰值，甚至是多个峰值的情况。因此，不同类型、关注度呈现不同曲线形式的产品，都可以借助模型（3－2），通过该产品在市场中的早期表现（早期关注度及讨论热度）来预测其长期的发展变化，并据此来适时地调整相应的营销策略和方法，以达到预期的宣传推广目的。

3.3.2 与 Bass 模型的对比分析

由图 3-3、图 3-4 和图 3-5 可知，模型（3-2）较好地拟合了真实产品关注度的变化规律，但为了更好地说明模型（3-2）的有效性，本小节也将利用以上样本数据来测试 Bass 模型，并分析模型（3-2）、Bass 模型与真实数据的拟合效果。

Bass 模型的基本形式为：$S_t = a + bY_{t-1} + cY_{t-1}^2$，$t = 2,3,\cdots$。这里 S_t 代表 t 时刻的销量，Y_{t-1} 是 $t-1$ 时刻前的累计销量。参数 a，b，c 的具体含义可以参考 F. M. Bass 教授的文献[166]，这里不再赘述。首先利用“Instagram”和“Nokia Lumia 920”的样本数据来估计 Bass 模型中的未知参数。这里，参数估计是借助回归分析实现的，表 3-2 给出了回归分析的结果。基于这个结果，图 3-6 和图 3-7 分别给出了两个样本数据的真实曲线、Bass 模型及模型（3-2）给出的预测曲线。

表 3-2　Bass 模型中未知参数的回归结果

产品	数据收集时间	a	b	c（10^{-6}）	R^2
Instagram	2011 年 10 月 23 日—2013 年 11 月 30 日	3.4952	0.0367	-8.2387	0.9644
Instagram	2011 年 10 月 23 日—2016 年 1 月 23 日	10.0414	0.0169	-1.0801	0.9570
Nokia Lumia 920	2012 年 8 月 5 日—2012 年 12 月 22 日	21.9117	0.1306	-59.1643	0.6064
Nokia Lumia 920	2012 年 8 月 5 日—2013 年 5 月 11 日	28.1587	0.0952	-39.6549	0.5729
Nokia Lumia 920	2012 年 8 月 5 日—2014 年 2 月 15 日	45.2149	0.0278	-9.2015	0.4596
Nokia Lumia 920	2012 年 8 月 5 日—2016 年 1 月 23 日	51.7469	0.0134	-5.1592	0.7815

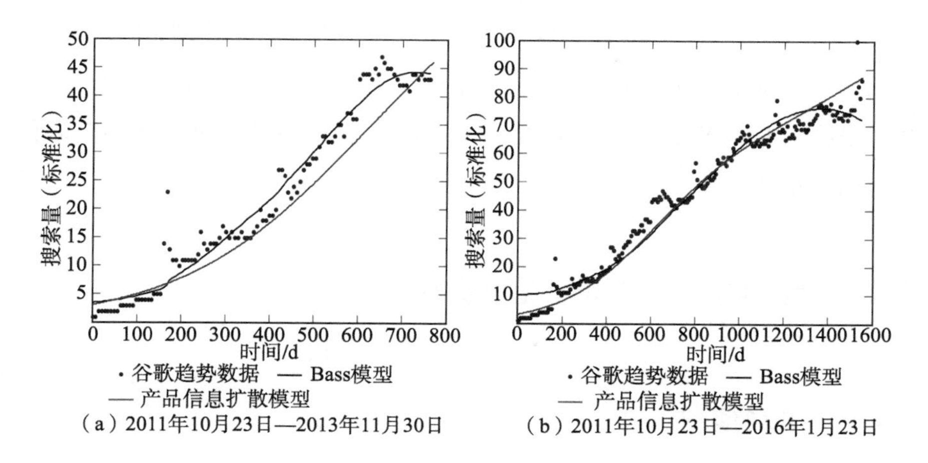

图 3-6 样本“Instagram”的真实数据和两个模型的预测曲线

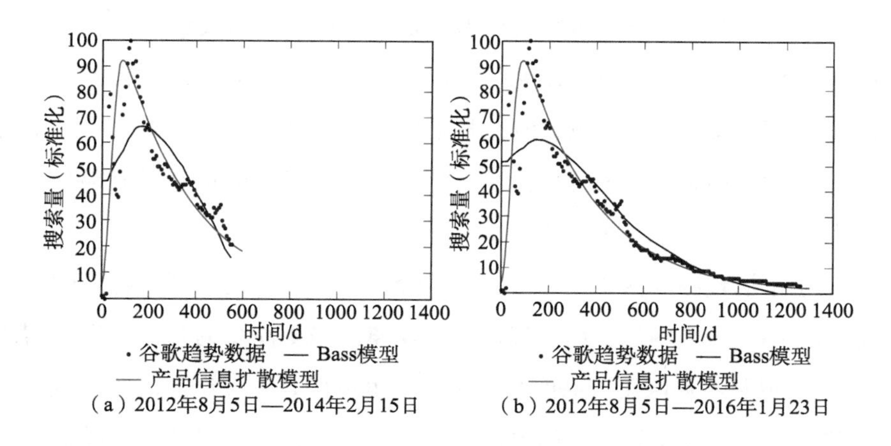

图 3-7 样本“Nokia Lumia 920”的真实数据和两个模型的预测曲线

由图 3-6 和图 3-7 可知，Bass 模型和模型（3-2）都较好地拟合了样本数据。但正如图 3-6 和图 3-7 所示，对于刻画产品关注度逐渐增加、渐至峰值时的曲线形式，Bass 模型的预测效果更好。换句话说，Bass 模型对于预测峰值之前的短期扩散趋势效果可能更理想，如图 3-6（a）所示。与此相反，模型（3-2）对于产品长期扩散趋势的预测可能更准确。此外，由 Bass 模型的基本形式（$S_t = a + bY_{t-1} + cY_{t-1}^2$）可知，Bass 模型能够拟合的曲线形式是一条抛物线。换言之，Bass 模型仅能模拟具有一个峰值的倒 U 形曲线。也正是因为这个原因，本节没有使用“The North Face”数据来测试 Bass 模型。与 Bass 模型不同，模型（3－2）可以预测多峰值的波动变化规律。

3.4 产品信息扩散模型的应用

3.4.1 市场预测

市场预测是在市场调查的基础上，运用预测理论与方法，预先对所关心的市场未来变化趋势与可能表现做出估计与测算，为决策提供科学依据的过程。如果说企业生存和发展的前提是敲开市场的大门，那么市场预测无疑就是那块敲门砖。市场预测在长期的社会经济发展过程中，由简单的偶然性活动，逐渐发展成为现代经济活动中必不可少的重要组成部分，对企业经营管理具有十分重要的意义。

鉴于市场预测的重要性和必要性，模型（3－2）提供了一种新的方法来预测产品在市场中的长期表现及变化规律。需要注意的是，这里所谓的产品“表现”不局限于产品的真实销量，也可以是一件产品的关注度、热度或流行度。事实上，产品的关注度（热度、流行度）是衡量产品销量的隐性指标，它对一件产品的销售量有着非常直接的影响。产品营销的一个基本理念就是尽可能地无限提升一件产品的热度，促使人们直接或间接地关注这件产品，进而产生购买的欲望或购买行为。因此，模型（3－2）可以应用于现实的市场预测研究中，服务于企业的营销与决策。

3.4.2 病毒营销

模型（3－2）除了可以实现通过市场上一件产品的早期热度来预测其

长期的关注度，另一个重要应用就是它可以用于指导在线营销策略的设计与规划，而且可以实现"一边预测，一边调整"的理想模式。市场预测不是目的，它是为管理决策和营销规划服务的，模型（3－2）很好地结合了这两种需求。通过对产品信息的传播和扩散机制的描述与分析，不难发现参与传播过程的个体及个体行为的动态变化是影响产品信息扩散规模的根源。借用模型的语言来说，即模型（3－2）中群体 S_1 ，S_2 ，I 和 R 中个体数量的动态变化决定着一条产品信息的传播趋势。因此，只要适当地调整模型（3－2）中参数 α ，β_1 ，β_2 和 γ ，就能够掌握一条产品信息的动态变化规律，进而引导市场按照人们预期的方向发展。

虽然从理论上来说，引导一件产品市场表现的思路比较清晰，但由于这些参数和个体状态密切相关，因此调整不同的参数也对应着不同的营销理念和销售策略。本小节将逐一阐述调整参数 α ，β_1 ，β_2 和 γ 时的思路和想法。虽然 β_1 和 β_2 这两个参数代表的都是一条产品信息对于易感个体影响的程度，但由于 S_1 和 S_2 中的个体存在明显差异，因此调整 β_1 和 β_2 时的关注点和策略是完全不同的。S_1 中的个体对一件新产品非常好奇，而且他们都是第一次获知该产品信息，因此想要改变参数 β_1 ，需要在营销时强调产品的新颖性和趣味性，以吸引更多的 S_1 中的个体移动到 I 中。但这种营销策略和理念却不适用于 S_2 ，因为 S_2 中的个体更倾向于了解和掌握更多的产品信息，以达到他们深入了解一件产品的目的。S_2 中个体的兴趣点不再是新颖和趣味，而是更关注实用、功能和体验等，所以改变参数 β_2 的营销思路是令个体更多地感知产品功能和效用，增加产品反馈类信息和咨询。参数 α 代表的是 I 中的个体移动到 S_2 中的比例，而促使这些个体发生状态转移的根源是人们在社交活动中的社交感染。因此，增大 α 的最好方法是发挥社交感染的作用与影响力。例如，营销人员可以设计一种营销策略，诱发产品在线口碑提升，类似的营销策略很容易激发羊群效应，这样 I 中个体数量将会有显著的变化。调整参数 γ 的关键在于维持人们对一件产品的持续兴趣度和关注度。只要遵循这一原则，调整参数 γ 的策略都是有效的。

以上是从模型角度出发，提供调整模型（3－2）中各个参数的一个整体思路。在实际应用中，营销策略的设计可能还要考虑一些其他因素。正如3.1.2节所述，个体的知觉、记忆和态度都是导致个体行为不断变化的重要因素。从营销角度来说，个体的知觉和记忆较难把控，但是个体对于产品的态度却是商家可以通过营销手段进行引导的。一旦一个个体对一件产品的态度发生了积极的改变，那么这个个体很可能会成为这件产品的购买者，甚至推广者。模型（3－2）在提供了借助产品信息的短期变化趋势来预测其长期扩散规律性的同时，也给现实的市场营销提供了一些理论支撑和有益启示。

在现代营销模式中，病毒营销并不是一个全新的概念。特百惠、安利营销策略都是如此。不过，最适合“病毒”生长的，首推还是没有任何摩擦力的互联网。在网络媒介中，一条信息很容易传播给成千上万的人。并且，绝大多数人都是无意识地传播“病毒信息”，这是人类行为与生俱来的副产品。从这个意义上来说，与传统的营销方法不同，病毒营销实际上可以主动制造需求、刺激消费，进而达到提升产品销量的目的。模型（3－2）正是揭示了这样一个产品信息的病毒式扩散过程，这个过程展示了社交感染在病毒式传播模式中是如何发挥作用的。在设计病毒营销策略时，明确应该在哪个环节利用社交感染，如何将社交感染的影响力进行合理量化，以期最大程度地发挥社交感染的威力，才能促使某种产品信息如病毒一般“疯传”。

3.5 应用拓展与局限

以产品信息为例，本章研究了个体心理与行为的动态变化对信息传播规律性的影响。研究发现，个体在满足自身信息需求过程中产生的重复行为对信息的扩散有积极、显著的影响，并且人们在社交活动中的社交感染也是促使个体产生重复行为的重要原因。以上两个发现说明，无论是想推动信息的扩散规模还是抑制信息的“疯传”，从个体行为入手设计相应的措施和手段都不失为一种有效的思路和方法。而从产品推广和营销角度来说，本章的研究提供了一种新的方法来预测产品在市场中的长期表现，这种预测是借助产品在市场中的短期表现来实现的。换言之，只要了解和掌握了一件产品在市场中短期的受关注程度、讨论度或销量等情况，那么就能够对该产品在市场中的长期发展潜力做出预测。相应地，也能够根据企业预期的目标，有计划地调整一件产品的运营和推广，对人们的关注度和兴趣度加以不断引导，从而引领市场需求和消费。

对于模型（3－2）的适用范围，这里补充一点说明。在模型验证部分，选取了三个非常有代表性的样本来测试模型（3－2）的有效性。在模型验证环节，产生了这样一个有趣的现象：模型（3－2）还可以模拟类似弹簧振子的曲线形式，如图3－8所示。

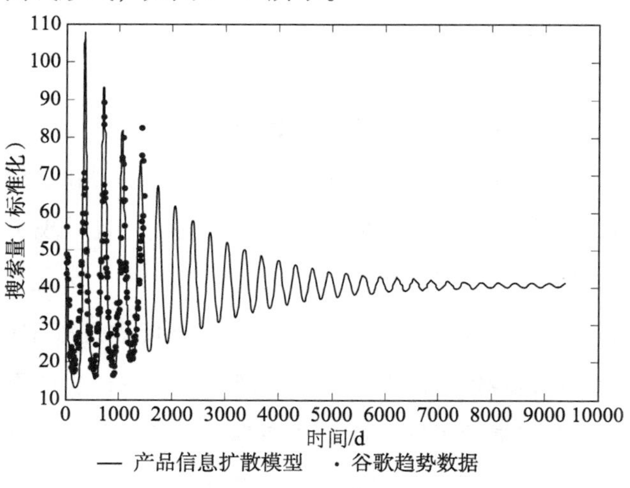

图3－8 模型（3－2）的解曲线收敛于平衡点的过程

事实上，【定理3－1】揭示了这样一个事实：模型（3－2）的解曲线最终会收敛于一个平衡点，在收敛于平衡点的过程中解曲线的变化趋势如图3－8所示，解曲线的变化形式是一个类似于弹簧振子的振幅逐渐减弱的波动曲线。这说明模型（3－2）也适用于描述具有多个波峰并且振幅逐渐减弱的波动曲线。需要注意的是，如果一条信息的传播曲线的变化形式呈现的是相同振幅的震荡，即传播曲线呈现的是多个波峰，且峰值都是相同的情形，那么模型（3－2）则不适用。在传播初期，模型（3－2）可以近似地用来估计信息的传播规律，但对于长期规律性而言，其估计的误差将会较大。在市场营销领域，Bass 模型是被科研工作者们广泛认可的预测产品变化规律的优秀模型，但通过实证分析不难发现，Bass 模型只适用于描述单峰值曲线，没有办法预测多峰值曲线。虽然模型（3－2）在预测多峰值曲线的变化规律时也表现出一定的局限性，但不失为一种全新的探索与尝试。由图3－5可以看到，就多峰曲线的短期规律预测而言，模型（3－2）还是有效的。

3.6 本章小结

本章建立了一个社交网络中产品信息的病毒式扩散模型。这个模型刻画了信息如病毒般在人际间相互感染、交互传播的机制和过程，揭示了参与传播过程的个体及个体行为对信息传播的影响，并且呈现了社交感染是如何诱发信息“病毒式”传播与扩散的。

本章用数量化的研究方法分析了个人在信息传播过程中的主导作用，证明了个体为满足自身信息需求，在信息搜寻过程中产生的重复行为对信息传播的推动作用，揭示了导致信息“病毒式”传播的真正诱因——人们日常社交活动中的社交感染。这项研究丰富了信息传播研究的相关理论，在实际应用中可以积极服务于市场营销。市场营销的本质就是组织消费者进行信息的传播和交换，如果没有信息交换，交易就是无本之源。在线购物的持续成功就取决于消费者在其购买决策中利用网络获取产品信息的程度。此外，本章给出的产品信息病毒式扩散模型经由谷歌搜索数据实测，测试结果显示该模型能够实现通过个体行为来预测产品信息的扩散规模。这种预测能够帮助企业经营管理者、决策者和营销人员根据预期目标随时调整营销策略，主动引导市场，引领消费。

需要补充说明的是，本章虽然以产品信息扩散为例展开研究，但研究结论具有一定的普适性。这是因为在模型建立、理论推导和数据验证等环节均未做任何特殊的假定或特殊的处理，因此，本章的研究结论可推广至更广泛意义上的在线信息。事实上，社交网络中各类信息的“病毒式”传播是广泛存在的，如观念、文化甚至流行时尚的传播。对于诸如此类的传播问题和传播现象，本章的模型都是适用的，模型结论同样具有一定的启示作用。最后想要强调的是，在现实生活中，无论人们是希望利用在线信息的“病毒式”传播实现商业目的，还是期望抑制不实信息的疯狂传播，消除舆论的不良影响，维护社会的安定和谐，都需要重点关注参与传播过程的个体，只有洞见个体心理，善于利用或引导个体行为，才能达到预期目的。

第四章　网络舆论的竞争传播与反转

在点对点的传播模式下，一条信息的传递是无数个体共同参与的结果，在这个过程中，任何一个参与传播的个体都是独立的。虽然每个个体的教育背景、思维模式和行为习惯都有较大差异，这些差异性使得信息传播过程中的个体行为及其动态变化看似随意和毫无章法，但结合社会心理学、行为学等理论进行深入分析与挖掘，可以发现传播过程中个体行为的变化又是有迹可循的。在一条信息的传播过程中，当某些个体具有相似或相同的传播行为时，这些个体会迅速聚集成一个群体。当这个群体积累了一定数量的个体，即这个群体达到一定的规模后，这个群体的存在又会进一步影响和制约个体的行为，从而产生一些新的传播现象和传播问题。Web 时代，每每发生社会热点事件、公共事件或突发事件，都会在社交网络引发大规模的讨论，网络舆论的争议也因为社交网络的开放性而更加凸显。本章将针对社交网络上舆论的竞争传播展开讨论，重点研究群体行为与群体压力在网络舆论竞争传播中的作用，探讨网络舆论发生反转的根本原因。

4.1　群体行为理论

4.1.1　群体传播中的心理学和行为学源流

群体由具有共同信念或价值观的两个及两个以上的个体组成，个体间通过一定的社会关系相互连接，进行共同的活动，并且在追求共同目标和价值观的过程中相互依赖、彼此影响。群体规模可大可小，并没有固定的限制，但是群体存在边界。穆扎弗·谢里夫（Muzafer Sherif）曾指出：群体边界的存在是群体构成的基本要素，边界的存在可以令群体成员对自己的群体产生认同感和归属感，增强群体内部的凝聚力，特别是当群体之间存在冲突时。[182]

群体传播和社会心理学中的群体研究之间的历史亲缘关系非常复杂，仅从学术史层面来说，从以芝加哥学派为开端至现代研究，群体传播和群体心理学之间一直存在交叉和部分重叠，两者彼此共生，互动式发展。

群体心理学研究历史悠久，但追本溯源，学者们普遍认为古斯塔夫·勒庞（Gustave Le Bon）的《乌合之众：大众心理研究》一书是群体心理学研究的直接源头。《乌合之众：大众心理研究》现已再版印刷至第29版，是群体行为研究的重要著作。[183]在这本书中，勒庞极为细致地描述了群体的心态，分析了群体心理的形成机制。他认为虽然个体大多是理性、冷静且富有个性的，但是一旦个体受到一个群体的影响或吸引，成为这个群体的一部分，那么个体的个性将让位于群体的共性，个体会变得盲目、愚蠢，从而失去自我的存在。勒庞提出的"乌合之众"的概念对研究传播活动中受众的群体特征来说意义重大。传播理论家 Douglas Rushkoff 在《媒介病毒》一书中指出，受众是被动的，媒介的定义应该从具有主动性的公众角度来定义。[150]法国学者 Daniel Dayan 在"The peculiar public of television"一文中提出一种新的"受众观"，将传媒活动中的受众进行了更为细致的划分。[184] Denis McQuail 认为，新的传播技术也在改变受众的性质和特点。[185] Mark Poster 指出，网络媒介的高度成熟已经成为传播学受众研究的一个新领域、新方向。[186]总之，勒庞提出并阐释的"乌合之众"的概念引发了人们对于受众的概念和群体特征的广泛研究，人们逐渐认识到面对群体的影响或威压时，个体更倾向于迎合与顺从，而不是质疑和挑战。

20 世纪 30 年代，社会心理学家 Muzafer Sherif 开始了行为科学领域的群体研究。Sherif 的关于群体规范形成过程的实验显示，群体对于人们的态度具有极大的影响力。[187]在不确定环境下，群体的影响能够超越群体存在，出现在没有群体的环境中。1955 年，社会心理学家 Solomon E. Asch 开始关注确定环境中的群体压力，并就群体压力的特点及人们在群体压力下的行为表现等问题开展了一系列相关研究。[188]在群体研究方面，库尔特·勒温（Kurt Lewin）被认为是群体动力学领域的奠基者之一。1939 年，勒温首次在论文中给出了“群体动力学”这一术语，并开始了关于群体理论的专门研究。[189]在勒温众多的研究成果中，有一项非常著名的实验——食物习惯研究。这项研究的现实背景是第二次世界大战期间各种肉类紧缺，实验设计了两种环境：听演讲会和群体决策。实验结果显示，在听演讲会（单独获取信息）模式中，受试主妇只有 3% 改变态度，并付诸行动。但在群体决策环境中，有高达 32% 的主妇会改变态度，且付诸实际行动。[190,191]从表面上看，个体行为是独立的，但实际上，群体一致性是个体行为的主要动力。群体动力学的提出和发展使人们意识到聚焦并研究群体心理至关重要，心理学研究上的这一变化也很快影响了传播学的相关研究。勒温是著名的社会心理学家，他关于心理场和群体动力学的研究成果对传播学产生了巨大而深远的影响，也奠定了他作为传播学四大先驱之一的学术地位。勒温穿梭于心理学和传播学之间的学术路径再次印证了心理学对传播学发展的重要影响。

4.1.2 羊群效应与群体力量

羊群效应也称为从众效应，最早是金融投资领域的一个专用术语，描述的是股票投资者在交易过程中由于信息不对称等原因盲目效仿其他投资人来买卖股票，致使在某段时间内投资者们买卖的股票都相同。[192,193]后来，学者们发现人们改变和否定自己的意见，追随大众的观点和行为的心理是普遍存在的。[194-196]涉及决策领域，例如，购买行为[197]、在线产品排序[198]、在线阅读行为[199]和投资行为[200,201]中都有羊群效应的踪迹。

虽然在人类所有的决策行为中，个体的从众心理和行为普遍存在，但实际上一个个体之所以会改变自身的固有行为，转而去“随大流”，这种个体行为的变化是受一定条件的影响和制约的。[202] 1969 年，Milgram、Bickman 和 Berkowitz 设计了一个非常有趣的实验来研究个体行为的变化。[203]他们将参加者分成不同的小组，每个小组里有 1 个人到 15 个人不等。然后分别让这些不同小组的人站在街头凝视天空，随后观测有多少路人会停下来，也跟着凝视天空。研究发现，当只有一个人抬头看天空时，只有极少数路人会停下来。当有 5 个人在凝视天空时，会有一些路人停下来盯着天空，但大多数人仍然会忽视这种行为。最后，当一个有 15 个人的小组进行这种行为时，结果很惊人，大约有 45% 的路人都会停下来，也盯着天空看。这个实验结果表明，一个个体产生从众的心理和行为与一致性群体的规模密切相关。更确切地说，从众的社会力量会随着一致性群体活动规模的壮大而增强。[204]当群体达到一定规模时，群体的观点足以影响和动摇任何保持怀疑态度的人，这时即使个体都是理性的，群体力量也足以使理性判断失去作用。[205,206]互联网技术的高度成熟，无疑将人们引领到了一个群体时代。群体时代和个体时代的显著区别在于，群体的无意识已经远远超越了个体的有意识。如何有效地因势利导这股由科技进步带来的力量，是一个重要且有趣的问题。

4.2 网络舆论竞争传播模型

在一个社交网络中，如果有多条信息同时传播，那么人们对于其中任何一条信息的关注度或兴趣度随时都可能发生改变。以两条信息为例，当这两条信息不是相互独立的，那么它们在扩散过程中可能会相互促进，也可能彼此竞争。Myers 等学者研究发现，对于信息扩散问题而言，多条信息之间的合作性扩散有助于各自被用户采纳，而竞争性的扩散则会降低各自的传播概率。[207]针对某一社会热点事件或公共事件，网络舆论通常呈现出两种对立态度，显然处于竞争关系的两种舆论会争夺有限的用户关注，那么它们竞争传播的结果如何？影响竞争结果的决定性因素是什么？围绕这两个问题，本节将构建网络舆论（两条信息）的竞争传播模型，揭示网络舆论竞争与反转。

4.2.1 模型建立

为叙述简便，本节将与某一社会热点话题相关的网络对立舆论抽象为两条信息，假设一条是和该话题相关的积极信息，另一条是和该话题相关的消极信息。显然，这两条信息是相互排斥的，相互排斥的具体含义是如果一个个体选择传播一条积极信息，那么这个个体就不会再去传播另一条消极信息，反之亦然。由于人们对于同一个话题的兴趣度和关注度是有限的，当属于同一个话题的两条互斥信息同时存在于一个社交网络时，它们必然会去竞争这个社交网络中有限的用户资源（或用户关注度）。从这个意义上说，积极信息传播与消极信息传播构成了一个竞争传播系统。在这个竞争传播系统里，明确传播积极信息和传播消极信息的个体的数量变化，以及找出决定竞争结果的影响因素是至关重要的。

下面用数学语言来描述这个竞争传播系统中的个体，将传播积极信息的个体的全体记为 y ，$y = \{y_i\}_{i=1}^{\infty}$ ，这里 y_i 表示第 i 个传播积极信息的个体。类似地，将传播消极信息的个体的全体记为 z ，$z = \{z_j\}_{j=1}^{\infty}$ ，这里 z_j 表示第 j 个传播消极信息的个体。在 t 时刻，群体 y 和群体 z 中的人口密度分别为 $y(t)$ 和 $z(t)$ 。对于进入这个竞争传播系统中的一个新个体 x_k ，如果群体 y 和群体 z 中的每个个体对这个新个体 x_k 都有同样的传播概率（或称为传播感染力），那么这个新个体 x_k 会成为群体 y 中的一员，还是会进入

群体 z 之中呢？换言之，这个新个体 x_k 会选择传播积极信息还是传播消极信息呢？事实上，一个新个体 x_k 在做决策时并不是完全客观和理性的。在绝大多数情况下，个体的决策行为会受到很多外部因素的影响，而这些影响因素中一个最关键的因素就是个体的从众心理与行为，也就是羊群效应。更为重要的是，当一个群体的规模越大，即这个群体中的个体数量越多时，这个群体的影响力越强，其产生的群体效应越显著。基于这个事实，不妨假设一个新个体 x_k 加入群体 y 或群体 z 中的概率与某个群体中的个体数量成正比，则在这个竞争传播系统中传播积极信息的群体 y 中的个体数量的增量应该是 $f(y)\cdot y$，这里 $f(y)$ 是该群体的规模函数。这个函数实质上代表了群体 y 的群体效应的强弱。同样，$g(z)$ 表示了该竞争系统中传播消极信息的群体 z 的群体效应，这个群体中个体数量的增量为 $g(z)\cdot z$。

以上刻画的是一个群体引发羊群效应，进而带来群体中个体数量的增加。另外，群体 y 和群体 z 中的个体也都会有不同程度的减少。因为人们会对持续传播一条信息失去兴趣，无论他传播的是一条积极信息还是一条消极信息，这都是由行为学中的关注时限理论决定的。基于这个事实，令参数 γ 和参数 μ 分别表示群体 y 和群体 z 中个体对继续传播各自信息失去兴趣的比例系数，则群体 y 和群体 z 中因为失去传播热情和传播兴趣而减少的个体数量分别为 $\gamma\cdot y$ 和 $\mu\cdot z$。需要特别指出的是，由于积极信息和消极信息间是彼此互斥的，因此，某个个体对传播一条积极信息失去兴趣，他会离开这个社交网络，而不会出现这个个体转而去传播一条消极信息的情形。

基于以上对于传播积极信息的群体 y 和传播消极信息的群体 z 中个体数量的增加和减少的分析，建立网络舆论（互斥信息）竞争传播模型，其具体表达形式为

$$\begin{cases} \dot{y} = f(y)\cdot y - \gamma\cdot y \\ \dot{z} = g(z)\cdot z - \mu\cdot z. \end{cases} \tag{4-1}$$

4.2.2 群体力量的量化

为了借助模型（4－1）来分析一个竞争传播系统中传播积极信息的群体 y 和传播消极信息的群体 z 中个体数量的动态变化，需要明确模型（4－1）的动力学性质。但由于模型（4－1）中包含两个隐函数 $f(y)$ 和 $g(z)$，故无法直接获知模型（4－1）的动力学性质与行为，因此在对模型（4－1）进行理论分析之前，需要先对模型中的隐函数 $f(y)$ 和 $g(z)$ 做适当的处理。

在实际应用中，处理隐函数的途径和手段较多，依据具体问题处理也比较灵活。这里，考虑将一个函数在一个给定的数据点做泰勒展开，然后使用截取这个泰勒展开式的某一阶展开式近似代替原函数的方法来处理隐函数。将一个函数在某个点做泰勒展开，这种做法得到的展开式就是数学上著名的泰勒公式。这个公式是英国数学家布鲁克·泰勒（Brook Taylor）在1712年给出的。泰勒提出如果一个函数足够光滑，并且在某点处的各阶导数都存在，即这个函数在该点处是连续可微的，那么就可以将这些导数值作为系数来构建一个多项式，以此来近似该函数在这一点的邻域内的值，泰勒公式同时也给出了构建的多项式和实际函数值之间的误差。泰勒公式是数学、物理等领域研究复杂对象时最常采用的一个基础研究工具，这里选择利用泰勒公式来处理隐函数 $f(y)$ 和 $g(z)$。

首先，考虑将函数 $f(y)$ 在点 $y=0$ 处做泰勒展开，可以得到

$$f(y)=f(0)+f'(0)\cdot y+\cdots+\frac{f^{(n)}(0)}{n!}\cdot y^n+o(y^n). \tag{4-2}$$

由于隐函数 $f(y)$ 的实际意义是群体 y 的规模函数，并且一个群体对于一个新个体的影响力大小依赖于该群体中个体数量的多少，因此，考虑保留泰勒展开式（4－2）右端的常数项和一次项，舍去若干高阶项和佩亚诺（Peano）余项，这样保留的泰勒展开式既能反映出传播积极信息的群体 y

的群体效应与该群体中的个体数量呈正比例的关系，又能在保证模型（4－1）动力学性质不发生改变的情况下适当地简化模型（4－1）的理论分析的难度。令 $f(0) = \alpha_0$ ，$f'(0) = \alpha_1$ ，则群体 y 的规模函数可以化简为

$$f(y) = \alpha_0 + \alpha_1 y. \tag{4-3}$$

对于隐函数 $g(z)$ ，采用同样的方式来处理。将函数 $g(z)$ 在点 $z = 0$ 处做泰勒展开，有

$$g(z) = g(0) + g'(0) \cdot z + \cdots + \frac{g^{(n)}(0)}{n!} \cdot z^n + o(z^n). \tag{4-4}$$

令 $g(0) = \beta_0$ ，$g'(0) = \beta_1$ ，则群体 z 的规模函数可以化简为

$$g(z) = \beta_0 + \beta_1 z. \tag{4-5}$$

利用泰勒公式，将隐函数 $f(y)$ 和 $g(z)$ 变换为显式表达式后，模型（4－1）可以改写为如下形式：

$$\begin{cases} \dot{y} = (\alpha_0 + \alpha_1 y)y - \gamma y \\ \dot{z} = (\beta_0 + \beta_1 z)z - \mu z. \end{cases} \tag{4-6}$$

根据模型（4－6）中参数的实际含义，很显然参数 α_0 ，α_1 ，β_0 ，β_1 ，γ 和 μ 都是正的常数。此外，假设一个竞争传播系统中总的个体数量为 $N(N > 0)$ ，则模型（4－6）的可行域为 $R_+^2 = \{(y,z) \in R^2 \mid y \geqslant 0, z \geqslant 0, y + z = N\}$ 。

4.2.3　模型的动力学性质分析

在将竞争传播系统中群体 y 和群体 z 的规模函数 $f(y)$ 和 $g(z)$ 进行显式化处理的基础上，下面进一步分析和探讨模型（4－6）的动力学性质和行为。首先，为了求解模型（4－6）的平衡点，令模型（4－6）中两个微分方程的右端等于零，则式（4－7）成立：

$$\begin{cases} (\alpha_0 + \alpha_1 y)y - \gamma y = 0 \\ (\beta_0 + \beta_1 z)z - \mu z = 0. \end{cases} \tag{4-7}$$

求解这个非线性方程组，可以得到四个根，分别为 $E_1\left(0,\frac{\mu-\beta_0}{\beta_1}\right)$，$E_2\left(\frac{\gamma-\alpha_0}{\alpha_1},0\right)$，$E_3(0,0)$ 和 $E_4\left(\frac{\gamma-\alpha_0}{\alpha_1},\frac{\mu-\beta_0}{\beta_1}\right)$，这四个根即模型（4－6）的四个平衡点。由这些平衡点的表达式不难发现，当 $\mu-\beta_0>0$ 且 $\gamma-\alpha_0>0$ 时，模型（4－6）有两个边界平衡点 E_1 和 E_2、一个零平衡点 E_3 和唯一一个正平衡点 E_4。

根据非线性微分动力系统的稳定性理论，可以得到如下阐述竞争传播系统里群体 y 和群体 z 中个体数量动态变化的定理。

【定理4－1】对于模型（4－6）而言，当 $\mu-\beta_0>0$ 和 $\gamma-\alpha_0>0$ 时，边界平衡点 $E_1\left(0,\frac{\mu-\beta_0}{\beta_1}\right)$，$E_2\left(\frac{\gamma-\alpha_0}{\alpha_1},0\right)$ 和唯一的正平衡点 $E_4\left(\frac{\gamma-\alpha_0}{\alpha_1},\frac{\mu-\beta_0}{\beta_1}\right)$ 在可行域 R_+^2 中都是不稳定的，而仅有的正平衡点 $E_3(0,0)$ 是局部渐进稳定的。换言之，模型（4－6）不存在稳定的非零平衡点。

证明：为了方便计算模型（4－6）在各平衡点附近的雅可比矩阵，令

$$\begin{cases}(\alpha_0+\alpha_1 y)y-\gamma y=P(y,z)\\(\beta_0+\beta_1 z)z-\mu z=Q(y,z).\end{cases}\tag{4-8}$$

这里 $P(\cdot)$ 和 $Q(\cdot)$ 分别代表变量 y 和 z 的函数。下面先来计算平衡点 E_1 处的雅可比矩阵 $\boldsymbol{J}$。其表达式为

$$\begin{aligned}\boldsymbol{J}_{E_1}&=\left.\begin{pmatrix}\frac{\partial P}{\partial y}&\frac{\partial P}{\partial z}\\\frac{\partial Q}{\partial y}&\frac{\partial Q}{\partial z}\end{pmatrix}\right|_{E_1}=\left.\begin{pmatrix}\alpha_0+2\alpha_1 y-\gamma&0\\0&\beta_0+2\beta_1 z-\mu\end{pmatrix}\right|_{E_1}\\&=\begin{pmatrix}\alpha_0-\gamma&0\\0&\mu-\beta_0\end{pmatrix}.\end{aligned}\tag{4-9}$$

则这个雅可比矩阵的特征方程为

$$|\lambda \boldsymbol{I} - \boldsymbol{J}_{E_1}| = \left| \begin{pmatrix} \lambda & 0 \\ 0 & \lambda \end{pmatrix} - \begin{pmatrix} \alpha_0 - \gamma & 0 \\ 0 & \mu - \beta_0 \end{pmatrix} \right|$$

$$= \begin{vmatrix} \lambda - (\alpha_0 - \gamma) & 0 \\ 0 & \lambda - (\mu - \beta_0) \end{vmatrix}$$

$$= [\lambda - (\alpha_0 - \gamma)] \cdot [\lambda - (\mu - \beta_0)] = 0. \qquad (4-10)$$

这里 $\boldsymbol{I}$ 表示一个二阶单位矩阵。由式（4－10）可知，模型（4－6）在平衡点 E_1 处的雅可比矩阵 $\boldsymbol{J}$ 的两个特征根分别为 $\lambda_1 = \alpha_0 - \gamma$ 和 $\lambda_2 = \mu - \beta_0$ 。在给定条件 $\mu - \beta_0 > 0$ 和 $\gamma - \alpha_0 > 0$ 下，显然有特征根 $\lambda_1 = \alpha_0 - \gamma < 0$ ，特征根 $\lambda_2 = \mu - \beta_0 > 0$ 。这意味着矩阵 $\boldsymbol{J}_{E_1}$ 的特征方程有一个正的特征根和一个负的特征根。由非线性微分动力系统的不稳定性理论可知，模型（4－6）的平衡点 E_1 在可行域 R_+^2 内是不稳定的。

利用同样的方法，继续计算平衡点 E_2 ，E_3 和 E_4 的稳定性。对于平衡点 E_2 来说，不难计算

$$\boldsymbol{J}_{E_2} = \begin{pmatrix} \alpha_0 + 2\alpha_1 y - \gamma & 0 \\ 0 & \beta_0 + 2\beta_1 z - \mu \end{pmatrix} \Bigg|_{E_2} = \begin{pmatrix} \gamma - \alpha_0 & 0 \\ 0 & \beta_0 - \mu \end{pmatrix}. \qquad (4-11)$$

则其特征方程为 $|\lambda' \boldsymbol{I} - \boldsymbol{J}_{E_2}| = 0$。解此特征方程，可以求得 $\boldsymbol{J}_{E_2}$ 的两个特征根分别为 $\lambda'_1 = \gamma - \alpha_0$ 和 $\lambda'_2 = \beta_0 - \mu$ 。由已知条件可知，$\lambda'_1 = \gamma - \alpha_0 > 0$，$\lambda'_2 = \beta_0 - \mu < 0$ ，即 $\boldsymbol{J}_{E_2}$ 特征方程的两个根仍然是一正一负，同理可知，平衡点 E_2 在可行域 R_+^2 内也是不稳定的。事实上，由平衡点 E_1 和 E_2 的表达式不难发现，E_1 和 E_2 是一对对称的边界平衡点，故它们在可行域 R_+^2 中的动力学性质必然是一致的。

接下来，再来计算零平衡点 E_3 的雅可比矩阵。显然有

$$\boldsymbol{J}_{E_3} = \begin{pmatrix} \alpha_0 + 2\alpha_1 y - \gamma & 0 \\ 0 & \beta_0 + 2\beta_1 z - \mu \end{pmatrix} \Bigg|_{E_3} = \begin{pmatrix} \alpha_0 - \gamma & 0 \\ 0 & \beta_0 - \mu \end{pmatrix}. \qquad (4-12)$$

相应地，这个矩阵的特征方程为

$$|\mu \boldsymbol{I} - \boldsymbol{J}_{E_3}| = 0. \tag{4-13}$$

求解方程（4－13），可知矩阵 $\boldsymbol{J}_{E_3}$ 的两个特征根分别为 $\mu_1 = \alpha_0 - \gamma$ 和 $\mu_2 = \beta_0 - \mu$ 。当 $\mu - \beta_0 > 0$ 和 $\gamma - \alpha_0 > 0$ 时，显然有 $\mu_1 < 0$, $\mu_2 < 0$ ，即特征方程（4－13）的两个根都具有严格的负实部。根据非线性微分动力系统平衡点的稳定性理论可知，平衡点 E_3 在可行域 R_+^2 中是局部渐进稳定的。但是，需要注意平衡点 E_3 是模型（4－6）的一个零平衡点。

模型（4－6）除了有一对对称的边界平衡点和一个零平衡点，还有唯一一个正平衡点 $E_4\left(\frac{\gamma - \alpha_0}{\alpha_1}, \frac{\mu - \beta_0}{\beta_1}\right)$ ，最后来计算这个正平衡点的稳定性。模型（4－6）的雅可比矩阵在平衡点 E_4 处的表达式为

$$\boldsymbol{J}_{E_4} = \begin{pmatrix} \alpha_0 + 2\alpha_1 y - \gamma & 0 \\ 0 & \beta_0 + 2\beta_1 z - \mu \end{pmatrix}\Bigg|_{E_4} = \begin{pmatrix} \gamma - \alpha_0 & 0 \\ 0 & \mu - \beta_0 \end{pmatrix}. \tag{4-14}$$

据此，$\boldsymbol{J}_{E_4}$ 的特征方程为 $|\mu' \boldsymbol{I} - \boldsymbol{J}_{E_4}| = 0$，求解此特征方程，可以得到 $\boldsymbol{J}_{E_4}$ 的两个特征根 $\mu'_1 = \gamma - \alpha_0$ 和 $\mu'_2 = \mu - \beta_0$ ，并且显然有 $\mu'_1 = \gamma - \alpha_0 > 0$, $\mu'_2 = \mu - \beta_0 > 0$ 。这意味着雅可比矩阵在平衡点 E_4 处的特征根的实部都是正的。因此，模型（4－6）的唯一一个正平衡点 E_4 在可行域 R_+^2 中是不稳定的。

由【定理4－1】可知，模型（4－6）的非零平衡点 E_1 , E_2 和 E_4 在其可行域内都是不稳定的。这说明在一个社交网络中如果有一条积极信息和一条消极信息同时存在，那么无论是传播积极信息的人群占据绝对的主导地位，还是传播消极信息的人群占据绝对的主导地位，抑或是传播这两种信息的人数相差不多，以上三种平衡状态都将是暂时的、脆弱的。一旦外界条件发生微小变化，这个社交网络中不同群体之间所达成的短暂平衡就会被破坏掉，社交网络中传播不同类型信息（舆论）的人数可能发生较大

变化，甚至不同群体中的个体数量将发生颠覆性的巨变。网络舆论竞争传播系统本身的不稳定性是网络舆论发生反转的主要原因。

4.2.4　模型仿真与结果分析

为了更好地揭示【定理 4－1】的实际含义，本节利用数值方法对模型（4－6）的解曲线的变化形式进行仿真。解曲线的求解采用龙格－库塔法，并利用软件 MATLAB 执行数值模拟。【定理 4－1】指出，模型（4－6）中的参数需要满足条件 $\mu-\beta_0>0$ 和 $\gamma-\alpha_0>0$。在满足这两个条件的前提下，给出一组用于模拟的参数值，令 $\alpha_0=0.3$，$\alpha_1=0.4$，$\gamma=0.4$，$\beta_0=0.4$，$\beta_1=0.7$ 和 $\mu=0.55$，并将模型的初值分别取为 $(y_0,z_0)=(5,40)$ 和 $(y'_0,z'_0)=(20,2)$，以此来模拟模型（4－6）的解曲线 $y(t)$ 和 $z(t)$ 的变化趋势，模拟的结果如图 4－1 和图 4－2 所示。

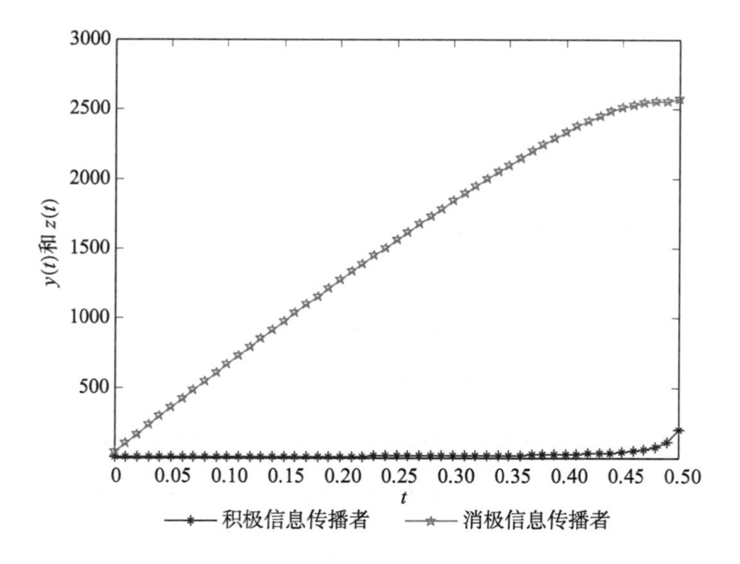

图 4－1　传播消极信息的人在信息竞争中取得胜利

图 4－1 呈现的是边界平衡点 E_1 的仿真结果，它模拟了曲线 $y(t)$ 和 $z(t)$ 最终趋向于平衡点 E_1 时的变化规律。这种情形描述的是在一个竞争传

播系统中，初始时刻有 5 个个体传播积极信息，以及 40 个个体传播消极信息，在经历若干时间后，传播积极信息的个体会趋于消失，系统中几乎所有的个体都在传播消极信息。在这个竞争传播系统中，最终的网络舆论是消极的、负面的。

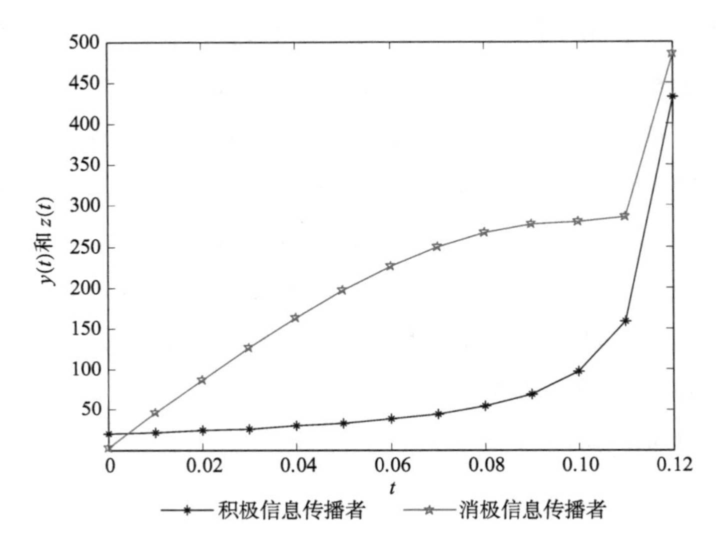

图 4－2　在一个竞争系统中，传播积极消息的人和传播消极信息的人共存

图 4－2 模拟的是曲线 $y(t)$ 和 $z(t)$ 趋向于正平衡点 E_4 时的仿真结果。此时，系统中初始时刻传播积极信息和消极信息的人数分别为 20 和 2，经历一段时间后，这个系统中传播积极信息和传播消极信息的个体均会稳定到一定的数量。这种情况描述的是网络舆论的对立双方在一个竞争传播系统中可以共存，无论是传播积极信息还是传播消极信息的群体都不会随着时间的流逝而消失，任何一个群体也不会在群体规模上占据绝对的优势地位。

由于图 4－1 和图 4－2 是基于同一组参数得到的，只是选取的初值 y_0 和 z_0 存在差异，这说明模型（4－6）的边界平衡点 E_1 和唯一的一个正平衡点 E_4 都是不稳定的。另外，需要特别说明的是，由于 E_1 和 E_2 是一对对称的边界平衡点，因此 E_2 的动力学性质与 E_1 相同，E_2 也是模型（4-6）的不稳定平衡点。

以上对于模型（4-6）的解曲线 $y(t)$ 和 $z(t)$ 的仿真分析得到的结果和【定理4-1】给出的结论是一致的。由此可知，在一个网络舆论的竞争传播系统中，对立双方中任何一方的优势都是短暂且不稳定的，无论一个群体传播的是积极舆论还是消极舆论。只要外界条件发生微小改变，不同群体中个体的数量都可能发生较大变化，有时甚至是颠覆式的改变，网络舆论随时可能发生反转。

4.3 群体行为中的负面偏差

个体行为的改变是影响信息传播的重要因素，那么在信息的扩散过程中，一个个体的行为因何发生变化呢？本章围绕网络舆论的竞争传播研究发现，促使一个个体的主观传播行为发生改变的真正原因是具有一致性行为的群体的存在。尤其是在互联网时代，社交网络中的群体行为更容易被发现、搜寻和效仿。例如，在一个在线社区或一个社交网络中，当一个用户看到很多用户都在转发某一条信息时，他转发这条信息的概率就会变大；当这个用户看到绝大多数用户都转发了一条信息时，他很可能会放弃自身的判断和立场，转而跟随绝大多数用户的行为转发这条信息。群体一致性行为增强了个体的从众心理，进而促使个体行为发生改变并逐渐趋同。

群体力量在改变个体行为并影响信息（舆论）传播与扩散方面的影响力究竟有多大呢？【定理4-1】证明了这样一个事实：当两条互斥的信息（舆论）在扩散过程中竞争有限的用户资源时，任何一条信息都不可能在竞争中一直保持绝对优势，无论这条信息（舆论）是积极的有益信息还是消极的有害信息。由这个研究结论可知，人们在传递信息（舆论）过程中表现出的主观偏好不是决定信息（舆论）竞争结果的主要因素。但心理学的研究也显示，人的大脑对于积极信息和消极信息的感知和反馈存在很大差异。[208]这种差异导致了自然人对于好消息和坏消息的关注度和处理方式截然不同。[179]以在线购物为例，负面的在线评论或口碑通常都比正面评论或口碑的影响力更大。[209,210]正是为了降低和消减负面评论对于潜在消费者的影响，在线购物平台的管理反馈研究逐渐兴起，并引起学者和商家们的广泛关注。此外，坏消息通常都比好消息传递得更为迅速。[211,212]换句话说，人们在传递信息的过程中更愿意传递负面的信息，学术研究中称为“负面偏差”。[213-215]中国古语有云：“好事不出门，坏事传千里。”描述的也是人们在传递信息时的负面偏差心理。虽然负面偏差根植于人类文明史的发展进程中，但网络媒体和社交网络的出现无疑放大了这种偏差带来的影响。[216]

通过对网络舆论的竞争传播研究可以发现，尽管负面偏差客观存在，但当消极舆论和积极舆论同时存在且竞争传播时，消极舆论虽然可能会传播得更快、扩散的范围更广，但消极舆论却不一定能够在竞争传播中获胜。因为和负面偏差相比，群体力量唤起的羊群效应才是决定舆论竞争结果的关键。在实际应用中，如何正确地引导和利用群体力量及群体力量导致的竞争传播系统的不稳定性是一个值得深入思考的问题，这也是所谓的群体力量的异化和回归问题。[217]

4.4 本章小结

针对网络舆论的竞争传播，本章以两条互斥信息的竞争传播为例建立了一个网络舆论竞争传播模型，用于刻画对立舆论在争夺有限用户资源时的传播规律性，并阐述了群体力量对于竞争结果的影响。研究发现，虽然在舆论扩散过程中存在负面偏差，但主导对立舆论竞争结果的关键因素却是群体力量，它的作用明显强于负面偏差。同时，群体力量的存在也使舆论竞争的结果呈现出不稳定性。换言之，无论消极舆论还是积极舆论在竞争中获胜，这种胜利都只是暂时的，一旦受到外部因素的干扰，即使是非常微小的干扰，竞争结果都可能发生改变，即网络舆论的反转。

本章研究的理论贡献主要有三个方面。其一，将个体面对群体时的从众心理和从众行为进行了量化，通过数量化的研究方法阐明了个体如何迫于群体压力而改变自身的行为。由于人们的从众心理在很多领域都是普遍存在的，因此，本章将从众心理进行量化的研究思路和实现手段对于其他学科的相关研究也具有一定的启示作用。其二，通过设置与群体规模相关的隐函数的方法合理地度量了群体力量。目前，涉及群体力量的研究多以案例研究等定性分析为主，本章提供的量化方法是现有研究方法的必要补充。其三，建立了能够刻画群体力量的对立网络舆论的竞争传播模型，借助模型的动力学性质分析和仿真分析揭示了网络舆论发生反转的原因。

除以上三点理论贡献外，本章的研究结果也有助于人们在实际应用中正视并重视群体行为与群体规模的价值和力量，趋利避害。其典型应用是在线产品评论的管理反馈。对于一种在线商品或服务而言，即使商品或服务的在线评价大多数都是积极的、正面的，商家也不能忽略为数不多的消极的、负面的评价。因为仅有的这几则负面评论一旦诱发群体效应，就足以导致该商品或服务的在线口碑发生逆转，这正是近年来商家和各类在线购物平台逐渐推出在线评论反馈功能的重要原因。另外，本章的研究结果对于网络舆论的疏导和监管也有重要的启示作用，尤其是与各类热点事件或突发事件相关的网络舆论。尽管因为负面偏差的存在，热点事件或突发事件发生后，与其相关的负面舆论的传播会更为迅速，但只要管理部门适时加以监管和引导，着力促使正面舆论形成，例如，及时公布事件相关信息，保证信息透明，或是依靠专业人士引导网络舆论，则可以大幅消减早期负面舆论传播给人们带来的消极影响，可以避免因舆论误导带来的次生灾害。

第五章　谣言传播的可控性与控制策略

在社交网络中，信息、舆论等的传播不受时间与空间因素的影响和制约，传播的速度快、范围广，传播影响力大，网络媒介的这种传播特性对于产品与服务营销、正能量信息的推广具有积极意义。但同时社交网络上发布信息的门槛过低，缺乏监管，也使互联网上各类虚假信息、不实信息和谣言大量存在。谣言大肆传播的后果非常严重，尤其在各类社会热点事件、公共事件或突发公共卫生事件出现后，谣言传播带来的恐慌与危害甚至远大于事件本身，成为威胁公共安全的最大隐患，因此，深入研究社交网络中谣言传播的可控性与控制策略意义重大。

5.1　传染病模型与谣言传播

鉴于谣言传播给公共安全、社会生活、经济甚至政治等诸多领域带来的负面影响，谣言的传播与控制一直是社会科学领域研究与关注的热点。[218,219]伴随着社交网络中谣言传播模式与传播机制的不断变化，以案例分析为代表的定性研究已不能满足现实需求，科研工作者开始尝试用数学、物理、复杂网络分析等自然科学研究工具来刻画谣言传播过程，探寻谣言传播机理，分析谣言传播的动力学性质。经过若干年的探索与实践，目前应用比较广泛的谣言传播模型包括传染病模型、Potts 模型和元胞自动机模型等。[220]在众多的谣言传播模型中，传染病模型因为能够刻画谣言传播机制，计算谣言传播者的动态变化并预测谣言传播规律性，所以成为当下研究谣言传播问题的首选模型。

传染病模型是生物数学学科为研究人类感染性疾病的传播规律提出的一类非线性微分动力系统模型，由于传染病和谣言在人群中传播时具有高度的相似性，因此传染病模型被广泛应用于谣言传播问题的研究中。利用传染病模型研究谣言传播问题起源于 20 世纪 60 年代，发展至今大致经历了三个阶段。1964 年至 2001 年是这种研究范式发展的第一阶段。这个阶段的研究基于大众传播模式，认为参与谣言传播过程中的个体是孤立的，并且谣言的传播是通过个体的物理接触产生的。这一时期的研究工作为量化研究谣言传播问题提供了很多新的思路和想法，为定量研究谣言传播规律奠定了坚实的理论基础。

第二阶段的研究源于社交网络的出现和网络科学的发展与成熟。社交网络的出现使学者们意识到谣言的传播不再需要人际间物理上的直接接触，而是通过虚拟接触（虚拟社交）即可实现。社交网络中谣言传播的路径也不再是单一的直线传播，还可以通过三角形路径进行传播。更为重要的是，社交网络中的个体不再是孤立的，而是彼此之间具有一定的连接关系，一旦一个个体的状态（行为）发生改变，与这个个体相连的其他个体也都会受到影响。换言之，在任意一个时刻，社交网络中任意一个个体传播状态的改变都可能导致大量其他个体的传播状态也随之发生变化。伴随着复杂网络理论的成熟，Zanette 于 2001 年在小世界网络上建立了谣言传播模型，提出了谣言传播存在一个临界值。[49]这项研究启发人们开始建立带有网络结构的传染病模型来研究谣言传播问题，各类带有网络结构的谣言传播模型被广泛讨论，但这个阶段对于网络结构的分析绝大部分还限于静态网络，没有考虑网络的动态演化及这些演化对谣言传播的影响。事实上，谣言传播网络是个随时间变化的动态网络，如何准确刻画和预测动态网络上的谣言传播问题仍待进一步深入研究。同时，动态网络自身拓扑性质的演化及网络演化对传播的影响也是复杂网络理论需要解决的问题。此外，在这一阶段的研究中，学者们也逐渐意识到与传染病的传播相比，谣言的传播还受很多其他因素的影响，例如，政府的干预机制[221]、事件真相的报道[222]和事件的模糊属性[223]等因素都会影响谣言的传播与扩散。第二阶段的研究工作不但丰富了谣言传播理论，而且也促进了复杂网络理论的进一步发展。

第三个研究阶段是聚焦于讨论动态网络和多层网络上的谣言传播问题，由于涉及网络科学中动态网络和多层网络理论，这个阶段的研究尚有大量探索空间，机遇与挑战并存。

复杂网络上的谣言传播动力学，实质上可以看成在特定网络拓扑结构上的谣言传播以及由谣言引起的不同类型的节点随时间的演化，它既依赖于网络的拓扑结构，又依赖于谣言的传播方式，呈现出一种“结构 + 信息”的传播模式。本章以传染病 SIR 模型的传播机制为基础，讨论网络结构呈现动态变化时，社交网络中的谣言传播是否具有可控性及控制策略问题。

5.2 基于动态网络的谣言传播模型

借助社交网络传递信息、交换资讯、分享生活、参与公共事件已经成为当前人们社会生活的一种常态，与此同时，微博、微信、小红书、抖音等各类社交网络中虚假信息和谣言大量滋生，谣言等不实信息大肆传播的危害性也更加凸显。因此，社交网络上谣言传播的可控性研究与控制策略分析意义重大。

复杂网络理论的不断发展使人们逐渐意识到谣言在社交网络上的传播实际上是两个网络共同演化的结果。社交网络上的用户（节点）通过网站提供的虚拟社交功能建立起联系，每个用户都有相对稳定的“朋友”数

（一个节点的入度与出度），并且这个网络是长期存在的。为了叙述方便，称这个网络是“朋友”网。一旦这个“朋友”网中出现了一条谣言，那么针对这条谣言会迅速生成一个谣言传播网络。这个谣言传播网络是基于“朋友”网中的用户对这条谣言的感知、理解和传播关系建立起来的，且这个网络只存在于这条谣言的传播周期内。严格来说，这两个网络都是动态变化的，并且彼此影响，一条谣言在一个社交网络上的传播与扩散是这两个网络共同作用的结果，但由于构成这两个网络的连接关系不同，谣言传播网络的演化在短时间内更为显著。在一个动态网络中，平均路径长度、相关系数和中心性在网络的动态演化过程中发挥着至关重要的作用。[224] Ruan 等[225] 发现聚类系数会随着网络的演化而不断变化。因此，对于一个动态的谣言传播网络而言，该网络的度分布、平均路径和聚类系数都会对网络中谣言的传播速度和传播范围产生影响，这是毫无疑问的，但这种网络中谣言的传播是否可控在理论上还未可知。换言之，一个动态网络上的谣言传播是否存在传播阈值缺乏理论上的证明。为了解决这个问题，本章首先阐述谣言传播动态网络的形成。然后，结合这个动态网络的结构阐述谣言的传播机制和传播过程，据此构建一个能够体现出“结构 + 信息”这种全新传播模式下的谣言传播模型。最后，通过研究该模型的动力学性质和行为来论证谣言传播的可控性问题。

5.2.1 动态谣言传播网络的形成

本节借用复杂网络的语言来阐述一个动态的谣言传播网络的形成。将一个谣言传播网络中的每个个体记为网络中的节点 $v_i(i = 1,2,\cdots,n)$ 。如果两个个体之间传递了谣言，那么意味着节点 v_i 和节点 v_j 之间存在连边，将这条连边记为 e_{ij}（或 e_{ji} ）。也就是说，一个动态谣言网络中的节点是一个社交网络中参与了一条谣言传播的个体，网络的连边是谣言的传播渠道。基于这种网络生成规则，可以得到一个动态谣言网络 G ，它描述了一个社交网络上一条谣言的传播，这个动态谣言网络表示为 $G = (V,E,t)$ ，这里 t 为时间节点，$V = \{v_1,v_2,\cdots,v_n\}$ ，$n \geqslant 1$ 是一个由有限个节点构成的集合，$E = \{e_{ij}\}_{i,j=1}^{n}$ ，其中，e_{ij} 是连接节点 v_i 和节点 v_j 的边。

由于“朋友”网是个有向网络，而谣言传播网络中的大部分节点会继承这种连接关系。此外，谣言的传播具有明确的指向性，也就是说，如果一条谣言在两个节点之间进行传递，那么一定是已经知道该谣言的节点将这条谣言传递给不知道这条谣言的节点。因此，一个动态的谣言传播网络是一个有向网络。由有向网络的节点度的定义可知，谣言传播网络中节点 v_i 的度为 $k_i = k_i^{\text{in}} + k_i^{\text{out}}$ 。这里 k_i^{in} 代表节点 v_i 的入度，k_i^{out} 代表节点 v_i 的出度。在此基础上谣言传播网络中节点的平均入度、平均出度和平均度的定义如下。

【定义 5－1】假设 C 是 G 中具有某类特征的节点构成的集合，在 t 时刻，将集合 C 中节点的数量记为 C_t ，那么集合 C 中节点的平均入度和平均出度分别为

$$\langle k_C^{\text{in}} \rangle = \sum_{i=1}^{C_t} k_i^{\text{in}} / C_t \tag{5-1}$$

和

$$\langle k_C^{\text{out}} \rangle = \sum_{i=1}^{C_t} k_i^{\text{out}} / C_t . \tag{5-2}$$

在这个定义的基础上，给出下述节点平均度的定义。

【定义 5－2】集合 C 中节点平均度的表达式为

$$\langle k_C \rangle = \sum_{i=1}^{C_t} (k_i^{\text{in}} + k_i^{\text{out}}) / C_t . \tag{5-3}$$

5.2.2　谣言传播模型的建立

基于上述两个定义，本节阐述如何构建动态网络上的谣言传播模型。模型建立的具体思想是将动态谣言网络中某一时刻节点的度值（这个度是从“朋友”网继承的）转化为下一时刻新加入这个网络的潜在节点数量，

然后利用传染病 SIR 模型刻画节点数量的动态变化。

与传染病传播不同，谣言传播与个体主观因素相关，由于不同个体的心理认知、教育背景千差万别，使得即使处于同一个传播情景之中，不同个体对于一条新谣言的感知、认识与理解可能都有很大的差异。基于此，将一个传播媒介中的个体进行分类，某一时刻处于相同传播状态的个体归为一类。这里，假定传播一条谣言的网络媒介是某一个给定的社交网络平台，根据传染病 SIR 模型结构，这个社交网络中的个体（节点）可以被划分为三个类：易感类 S、传播类 I 和不传播类 R。其中，S 中的个体不知道一条新谣言的内容，但这个类中的个体对谣言非常敏感，喜欢阅读新谣言，并且这些个体对于谣言真伪的辨识度较低。I 代表阅读一条谣言后，通过自己的辨识、理解和判断后选择相信该谣言并积极传播这条谣言的个体的全体。R 表示已经知道了一条谣言，对继续传播这条谣言失去兴趣的个体的全体。

假设 t 时刻处于易感类、传播类和不传播类的个体密度分别为 $S(t)$，$I(t)$ 和 $R(t)$，传播平台上的总的个体数量是动态变化的，记为 $N(t)$，则显然有 $N(t) = S(t) + I(t) + R(t)$ 成立。令 Λ 表示单位时间内进入一个社交网络平台的个体数量，μ 表示不同类别中的个体移出该社交网络平台的比例，那么这个社交网络平台上的总人数 $N(t)$ 满足方程 $\frac{\mathrm{d}N}{\mathrm{d}t} = \Lambda - \mu \cdot (S(t) + I(t) + R(t))$。当时间 $t \to \infty$时，有 $N(t) \to \frac{\Lambda}{\mu}$ 成立。

在将一个社交网络中的个体进行分类的基础上，一条谣言的传播机制可以描述为如下的形式：

$$\begin{cases} S(i) + I(i) \xrightarrow{\beta} I(i) + I(j) \\ I(i) \xrightarrow{\gamma} R(i). \end{cases} \tag{5-4}$$

具体来说，当不知道某一条谣言的个体 $S(i)$ 与积极传播这条谣言的传

播个体 $I(i)$ 接触后，个体 $S(i)$ 将以概率 β 变成一个新的传播个体 $I(j)$ 。这里 β 表示的是一条谣言的传播概率，或者说是一个传播个体 $I(i)$ 对于一个易感个体 $S(i)$ 的感染能力。另外，易感类 S 中的个体也可能经过思考与辨识后，不去传播这条谣言，那么传播类 I 中的个体数量就不会发生变化。而当传播类 I 中两个已经知道某条谣言的传播个体相遇时，由于这两个个体都已经获知并传播了这条谣言，因此，他们可能会失去继续传播这条谣言的兴趣，从而转化为另一种状态。这里 γ 被定义为恢复率，它表示传播个体 $I(i)$ 转化为不传播个体 $R(i)$ 的概率。根据上述传播机制，一条谣言在一个社交网络中传播的动态过程可以抽象如图 5 -1 所示。

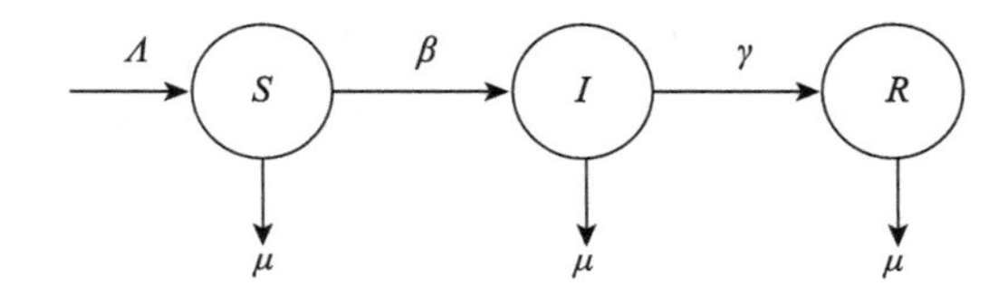

图 5 -1　在线社交网络上的谣言传播示意图

根据图 5 -1 所示，下面来分析 S、I 和 R 中个体数量的动态变化。如上所述，传播网络中的个体不再是彼此孤立的，在任意一个时刻，任意一个个体状态的改变都会触及与其相连的其他个体，进而引发很多相邻个体的状态发生变化。例如，单位时间内一个传播节点与其他节点接触的次数称为传播接触率，它通常依赖于一个传播平台上的节点总数 $N(t)$ 和一个传播节点的入度。但如果被接触节点为易感节点，那么这个传播接触率就还与易感节点的出度密切相关。这里，β 表示有效接触率，也称为传播概率，则 t 时刻传播类 I 中新增的传播节点的个数应该为 $\beta \cdot \langle k_S^{\text{out}} \rangle \cdot S \cdot \langle k_I^{\text{in}} \rangle \cdot I$ 。Λ 为移入率，表示单位时间内进入一个社交网络平台中的节点数量，假设个体进入一个社交网络平台的概率是随机的。μ 为移出率，表示某一类中的节点移出这个类的比例。由于这个参数对模型结果没有重要影响，为了简化模型分析，这里假设三个类 S、I 和 R 的移出率均为 μ 。相应地，这三个类中减少的节点数量分别为 $\mu\cdot\langle k_S\rangle\cdot S$, $\mu\cdot\langle k_I\rangle\cdot I$ 和 $\mu\cdot\langle k_R\rangle\cdot R$ 。最后，若不传播类 R 的恢复率为 γ ，那么 t 时刻，从传播者类 I 中移出的传播节点的数量为 $\gamma\cdot\langle k_I^{\text{out}}\rangle\cdot I$ 。

基于上述分析，一个动态谣言传播网络上不同类中个体（节点）数量的动态变化可以表示为

$$\begin{cases}\dfrac{\mathrm{d}S}{\mathrm{d}t}=\Lambda-\beta\cdot\langle k_S^{\text{out}}\rangle\cdot S\cdot\langle k_I^{\text{in}}\rangle\cdot I-\mu\cdot\langle k_S\rangle\cdot S\\\dfrac{\mathrm{d}I}{\mathrm{d}t}=\beta\cdot\langle k_S^{\text{out}}\rangle\cdot S\cdot\langle k_I^{\text{in}}\rangle\cdot I-\mu\cdot\langle k_I\rangle\cdot I-\gamma\cdot\langle k_I^{\text{out}}\rangle\cdot I\\\dfrac{\mathrm{d}R}{\mathrm{d}t}=\gamma\cdot\langle k_I^{\text{out}}\rangle\cdot I-\mu\cdot\langle k_R\rangle\cdot R.\end{cases}\tag{5-5}$$

这是一个能够反映动态网络拓扑结构变化的谣言传播模型。考虑到参数的实际含义，这里 Λ , β , μ , γ 均为非负变量，并且总的个体数量 N 满足方程 $\dfrac{\mathrm{d}N}{\mathrm{d}t}=\Lambda-\mu\cdot(S(t)+I(t)+R(t))=\Lambda-\mu N$ 。此外，鉴于模型（5－5）的实际意义，模型的可行域为 $D=\left\{(S,I,R)\in R_+^3\mid 0\leqslant S+I+R\leqslant\dfrac{\Lambda}{\mu}\right\}$ 。由于模型（5－5）的解轨线最终会进入或停留在区域 D 的边界上而不会离开 D ，所以 D 是模型（5－5）的正向不变集。

5.2.3　谣言传播的可控性分析

本节分析模型（5－5）的动力学性质，据此探讨一个社交网络中谣言的传播是否具有可控性。为了简化记号，令 $\langle k_S^{\text{out}}\rangle=k_1$ ，$\langle k_I^{\text{in}}\rangle=k_2$ ，$\langle k_I^{\text{out}}\rangle=k_3$ ，$\langle k_S\rangle=k_4$ ，$\langle k_I\rangle=k_5$ ，$\langle k_R\rangle=k_6$ ，由复杂网络的节点度的定义可知，$k_1\sim k_6$ 均非负。利用上述记号化简模型（5－5），可以得到

$$\begin{cases} \dfrac{dS}{dt} = \Lambda - \beta \cdot k_1 \cdot S \cdot k_2 \cdot I - \mu \cdot k_4 \cdot S \\ \dfrac{dI}{dt} = \beta \cdot k_1 \cdot S \cdot k_2 \cdot I - \mu \cdot k_5 \cdot I - \gamma \cdot k_3 \cdot I \\ \dfrac{dR}{dt} = \gamma \cdot k_3 \cdot I - \mu \cdot k_6 \cdot R. \end{cases} \tag{5-6}$$

由于模型（5－6）中前两个微分方程不包含变量 R，且实际应用中人们更关心 S 和 I 中个体数量的动态变化，故可以将模型（5－6）化简为如下的平面系统：

$$\begin{cases} \dfrac{dS}{dt} = \Lambda - \beta k_1 k_2 SI - \mu k_4 S \\ \dfrac{dI}{dt} = \beta k_1 k_2 SI - \mu k_5 I - \gamma k_3 I. \end{cases} \tag{5-7}$$

注意，由于模型（5－6）的前两个微分方程所计算的易感个体和传播个体的数量变化并不涉及 R，即二维平面系统（5－7）会保留三维系统（5－6）的动力学性质和行为，所以才可以执行降维操作。否则，对于非线性微分动力系统进行降维处理需要非常谨慎。

为了明确模型（5－7）的动力学性质，需要先计算该模型的平衡点。令模型（5－7）中的两个微分方程右端等于零，可以得到

$$\Lambda - \beta k_1 k_2 SI - \mu k_4 S = 0, \tag{5-8}$$

$$\beta k_1 k_2 SI - \mu k_5 I - \gamma k_3 I = 0. \tag{5-9}$$

分别求解方程（5－8）和方程（5－9），可知模型（5－7）可能存在两个平衡点，即 $M_1\left(\dfrac{\Lambda}{\mu k_4},0\right)$ 和 $M_2(S^*,I^*)$，其中 $S^* = \dfrac{\mu k_5 + \gamma k_3}{\beta k_1 k_2}$，$I^* = \dfrac{\beta k_1 k_2 \Lambda - \mu k_4(\mu k_5 + \gamma k_3)}{\beta k_1 k_2(\mu k_5 + \gamma k_3)}$。若令 $R_0 = \dfrac{\beta k_1 k_2 \Lambda}{\mu k_4(\mu k_5 + \gamma k_3)}$，则对于模型（5－7）而言，有如下结论成立：

（1）如果 $R_0 < 1$，则模型（5－7）有唯一的正平衡点 $M_1\left(\dfrac{\Lambda}{\mu k_4},0\right)$；

（2）如果 $R_0 > 1$，则模型（5－7）有一个边界平衡点 $M_1\left(\frac{\Lambda}{\mu k_4},0\right)$ 和唯一的正平衡点 $M_2(S^*,I^*)$。

由于参数 Λ，β，μ，γ 的取值均非负，因此，平衡点 M_1 的值一定是正的，而平衡点 M_2 则需要判定。引入 R_0 是为了判定模型（5－7）的平衡点 M_1 与 M_2 的正负并分析其稳定性。

利用非线性微分动力系统平衡点的稳定性理论对上述结论进行分析，可以得到如下定理。

【定理5－1】对于模型（5－7）而言：

（1）如果 $R_0 < 1$，则模型（5－7）的唯一的正平衡点 $M_1\left(\frac{\Lambda}{\mu k_4},0\right)$ 是全局渐进稳定的；

（2）如果 $R_0 > 1$，则模型（5－7）的边界平衡点 $M_1\left(\frac{\Lambda}{\mu k_4},0\right)$ 不稳定，而唯一的正平衡点 $M_2(S^*,I^*)$ 是全局渐进稳定的。

证明：下面来证明模型（5－7）的平衡点的存在性与稳定性。

取 $R_0 = \frac{\beta k_1 k_2 \Lambda}{\mu k_4(\mu k_5 + \gamma k_3)}$，当 $R_0 < 1$ 时，模型（5－7）有唯一的正平衡点 $M_1\left(\frac{\Lambda}{\mu k_4},0\right)$。令

$$\begin{cases} \frac{\mathrm{d}S}{\mathrm{d}t} = \Lambda - \beta k_1 k_2 SI - \mu k_4 S = P(S,I) \\ \frac{\mathrm{d}I}{\mathrm{d}t} = \beta k_1 k_2 SI - \mu k_5 I - \gamma k_3 I = Q(S,I), \end{cases} \tag{5-10}$$

则平衡点 M_1 处的雅可比矩阵为

$$\boldsymbol{J}_{M_1} = \left.\begin{pmatrix} \frac{\partial P}{\partial S} & \frac{\partial P}{\partial I} \\ \frac{\partial Q}{\partial S} & \frac{\partial Q}{\partial I} \end{pmatrix}\right|_{M_1} = \left.\begin{pmatrix} -\beta k_1 k_2 I - \mu k_4 & -\beta k_1 k_2 S \\ \beta k_1 k_2 I & \beta k_1 k_2 S - \mu k_5 - \gamma k_3 \end{pmatrix}\right|_{M_1}$$

$$= \begin{pmatrix} -\mu k_4 & -\dfrac{\beta k_1 k_2 \Lambda}{\mu k_4} \\ 0 & \dfrac{\beta k_1 k_2 \Lambda}{\mu k_4} - \mu k_5 - \gamma k_3 \end{pmatrix}.$$

相应地，可以计算这个雅可比矩阵在平衡点 M_1 处的特征方程为

$$|\lambda \boldsymbol{E} - \boldsymbol{J}_{M_1}| = \left|\begin{pmatrix} \lambda + \mu k_4 & \dfrac{\beta k_1 k_2 \Lambda}{\mu k_4} \\ 0 & \lambda - \dfrac{\beta k_1 k_2 \Lambda}{\mu k_4} + \mu k_5 + \gamma k_3 \end{pmatrix}\right| = 0.$$

其中 $\boldsymbol{E}$ 是一个二阶单位矩阵。求解这个特征方程可知，$(\lambda + \mu k_4)\left(\lambda - \dfrac{\beta k_1 k_2 \Lambda}{\mu k_4} + \mu k_5 + \gamma k_3\right) = 0$ 。因此，平衡点 M_1 的雅可比矩阵的特征方程的两个特征根分别为 $\lambda_1 = -\mu k_4$ ，$\lambda_2 = \dfrac{\beta k_1 k_2 \Lambda}{\mu k_4} - \mu k_5 - \gamma k_3$ 。当 $R_0 < 1$ 时，有 $\lambda_1 < 0$ ，$\lambda_2 = \dfrac{\beta k_1 k_2 \Lambda}{\mu k_4} - \mu k_5 - \gamma k_3 < 0$ ，故平衡点 M_1 在可行域 D 内是局部渐近稳定的。此外，由于当 $R_0 < 1$ 时，可行域 D 内仅有一个平衡点 M_1 ，即 D 内不可能存在闭的解轨线，且模型（5－7）从可行域 D 内出发的轨线均不会越出 D ，所以平衡点 M_1 在 D 内全局渐近稳定。

当 $R_0 > 1$ 时，由上面的计算可知平衡点 M_1 的雅可比矩阵的特征方程的一个特征根 $\lambda_1 = -\mu k_4 < 0$ ，但是另一个特征根 $\lambda_2 = \dfrac{\beta k_1 k_2 \Lambda}{\mu k_4} - \mu k_5 - \gamma k_3 > 0$ ，这意味着此时可行域 D 内的边界平衡点 M_1 不稳定。

同样步骤计算平衡点 M_2 的稳定性。平衡点 M_2 处的雅可比矩阵为

$$\boldsymbol{J}_{M_2} = \begin{pmatrix} \dfrac{\partial P}{\partial S} & \dfrac{\partial P}{\partial I} \\ \dfrac{\partial Q}{\partial S} & \dfrac{\partial Q}{\partial I} \end{pmatrix}\Bigg|_{M_2} = \begin{pmatrix} -\beta k_1 k_2 I - \mu k_4 & -\beta k_1 k_2 S \\ \beta k_1 k_2 I & \beta k_1 k_2 S - \mu k_5 - \gamma k_3 \end{pmatrix}\Bigg|_{M_2}$$

$$= \begin{pmatrix} -\beta k_1 k_2 I^* - \mu k_4 & -\beta k_1 k_2 S^* \\ \beta k_1 k_2 I^* & \beta k_1 k_2 S^* - \mu k_5 - \gamma k_3 \end{pmatrix}.$$

由$|\lambda \boldsymbol{E} - \boldsymbol{J}_{M_2}| = 0$可知，平衡点$M_2(S^*, I^*)$处的雅可比矩阵的特征方程为$(\lambda + \beta k_1 k_2 I^* + \mu k_4)(\lambda - \beta k_1 k_2 S^* + \mu k_5 + \gamma k_3) + (\beta k_1 k_2)^2 S^* I^* = 0$。求解此方程可知，平衡点$M_2$处雅可比矩阵的特征方程的两个特征根分别为$\lambda'_{1,2} = \left(-\frac{\beta k_1 k_2 \Lambda}{\mu k_5 + \gamma k_3} \pm \sqrt{\Delta}\right)$，其中$\Delta = \left(\frac{\beta k_1 k_2 \Lambda}{\mu k_5 + \gamma k_3}\right)^2 - 4[\beta k_1 k_2 \Lambda - \mu k_4 (\mu k_5 + \gamma k_3)]$。

当$R_0 = \frac{\beta k_1 k_2 \Lambda}{\mu k_4 (\mu k_5 + \gamma k_3)} > 1$时，可知$\lambda'_1 < 0$并且$\lambda'_2 < 0$。这意味着平衡点$M_2$处的雅可比矩阵的特征方程的两个特征根都有严格的负实部，所以平衡点M_2在可行域D内局部渐近稳定。进一步取杜拉克（Dulac）函数为$B(S,I) = \frac{1}{I}$，不难计算$\frac{\partial(BP)}{\partial S} + \frac{\partial(BQ)}{\partial I} = -\beta k_1 k_2 - \frac{\mu k_4}{I} < 0$。由平面定性理论中的本迪克松－杜拉克（Bendixson－Dulac）定理可知，模型（5－7）没有闭轨线。又已知可行域D是模型（5－7）的正向不变集，即$\forall p \in D$，模型（5－7）过p点的整条轨线$L_p \in D$，所以平衡点M_2在D内全局渐近稳定。证毕。

由【定理5－1】可知，$R_0 = 1$是判定模型（5－7）的平衡点的存在性与稳定性的一个临界值。这里$R_0 = 1$称为模型（5－7）的阈值，它决定了一条谣言是否会被无限制地传播至整个社交网络。事实上，R_0的实际含义是在一条谣言的初始传播阶段，当一个社交网络中的个体都是易感个体时，一个谣言传播者在其平均传播期内所感染的人数。在这个意义下，$R_0 = 1$作为一个社交网络中一条谣言传播是否可控的阈值的含义是十分明确的。若$R_0 < 1$，说明一个谣言传播者在其平均传播期内能传染的最大人数小于1，那么若干时间之后，这条谣言自然会逐渐消失于社交网络。换言之，在满

足 $R_0 < 1$ 的条件下，一条谣言的传播是可控的；反之，若 $R_0 > 1$，那么传播一条谣言的个体数量将不断增长，而且是以几何级数的速率进行增长，这意味着这条谣言的传播将不受控制。

5.3 动态网络谣言传播模型的仿真分析

在理论分析的基础上，为了进一步解释模型（5－7）的实际含义，本节将采用仿真分析的方法来测试模型（5－7）。这里采用两种仿真方法，分别是模拟模型（5－7）数值解和蒙特卡罗（Monte Carlo）模拟。下面，首先来阐述这两种仿真方法的原理和具体实现过程。

5.3.1 数值解原理及 MATLAB 实现

由于构成模型（5－7）的两个微分方程中包含很多未知参数，且这两个微分方程都含有非线性项，故利用微分动力系统稳定性理论只能获知模型（5－7）的解 $S(t)$ 和 $I(t)$ 的存在性和连续性，无法给出解 $S(t)$ 和 $I(t)$ 的具体表达式。也就是说，我们在理论上无法求出模型（5－7）的解析解（真实解），这是构建非线性微分动力系统模型解决实际问题时所面临的共性问题。另外，为了更准确、更客观地描述一个实际问题，通常需要尽量减少假设条件或未知前提，因此，在建立模型时就需要引入更多的未知参数。参数数量的增加必然会增加模型求解的复杂度，导致无法计算出模型的解析解，在实际应用中，这也是科研工作者需面临的两难选择。

基于这样的理论背景和现实需求，微分方程数值解法应运而生。所谓数值解法就是寻求一个解析解在一系列离散节点上的近似值，并计算这个近似解和解析解之间的误差，在满足一定误差要求的基础上去评估这个数值解法的精度与运算复杂度。微分方程数值解法发展至今，已经形成很多经典的、成熟的求解方法，例如，欧拉（Euler）法、龙格－库塔法、线性多步法和预估校正法等。这里，选择龙格－库塔法来模拟模型（5－7）的数值解。龙格－库塔法也被简称为R－K法，它有阶数的区分。欧拉法实际上就是一种一阶R－K法。虽然高阶R－K法能够提高计算结果的精度，但是相应地会使运算效率大打折扣。另外，需要指出的是，R－K法的推导基于泰勒展开式，因而它要求所求的解具有较好的光滑性。如果解本身的光滑性较差，那么R－K法的精度也会不理想。在实际应用中，究竟选择哪类数值方法、选择哪种阶数的R－K法需要根据问题的具体特点进行分析，同时也依赖于人们在实践工作中的经验总结。在各类工程实践中，四阶、五阶R－K法是应用最为广泛的数值算法。

实现数值计算的程序语言和应用软件种类繁多，本书选取软件MATLAB，虽然这款软件研发之初是为了解决线性代数问题，但历经几十年的发展、更新和扩充，现已广泛应用于数据分析、深度学习、图像处理、信号处理、控制系统等研究领域。基于R－K法，MATLAB提供了两个求解函数：ode23和ode45。它们分别为二阶、三阶龙格－库塔法和四阶、五阶龙格－库塔法。本章选取函数ode45来计算模型（5－7）的数值解。这个函数采用的是自适应变步长的求解方法。当解的变化较慢时，采用较大的步长，从而加快计算速度，而当解的变化较快时，步长会自动地变小，使计算精度更高。

5.3.2　蒙特卡罗原理及实现

蒙特卡罗方法的起源可以追溯到18世纪，法国数学家蒲丰（Buffon，1777）为了验证大数定律，提出用随机投针实验估算圆周率。尽管蒲丰投针实验结果的精度并不是很高，但它是蒙特卡罗随机抽样和统计估计的思想雏形。真正开创蒙特卡罗方法的是20世纪40年代中期美国研制原子弹的曼哈顿工程。设计原子弹需要理论计算的支持，但理论计算遇到了巨大困难，计算中子链式反应在原子弹内的爆炸过程，涉及中子在结构复杂的原子弹内扩散和增殖问题，需要求解高维玻尔兹曼（Boltzmann）方程，这是一个高维偏微分积分方程。这种方程在理论上无法求出解析解，而数值方法也遇到了巨大挑战，当时对于高维偏微分积分方程还没有有效的数值求解方法。针对这一难题，洛斯阿拉莫斯国家实验室（Los Alamos National Laboratory）的三位科学家斯塔尼斯拉夫·乌拉姆（Stanislaw Ulam）、约翰·冯·诺依曼（John von Neumann）和尼古拉斯·梅特罗波利斯（Nicholas Metropolis）尝试在"ENIAC"计算机上进行中子在原子弹内扩散和增殖的蒙特卡罗模拟，从而开创了蒙特卡罗随机模拟方法。[226]

1948—1953 年是美国研制氢弹时期，在梅特罗波利斯及其洛斯阿拉莫斯国家实验室的同事们研制氢弹的过程中，在对物质状态方程进行蒙特卡罗模拟时遇到了抽样的困难。由于配分函数也是高维积分，无法计算出具体表达式，相应概率分布的归一化常数也无法计算，并且概率分布是不完全已知概率分布，以前的直接抽样方法不再适用。梅特罗波利斯提出一个巧妙的抽样方法，后来被称为梅特罗波利斯（Metropolis）算法。[227] 1953 年，这一研究成果发表在美国化学物理杂志上，截至 2003 年，该论文总共被引用 8800 次，一篇论文被广泛引用，在当时引起极大的关注。2003 年，梅特罗波利斯算法被评为 20 世纪十大算法之一。伴随着各种伪随机数产生器的出现，蒙特卡罗理论发展迅速，梅特罗波利斯算法也逐渐发展成为马尔可夫链蒙特卡罗（MCMC）法。

MCMC 法是近年发展起来的一种简单而高效的蒙特卡罗方法，其理论基础是随机过程中的马尔可夫链（Markov Chain）理论，因此这种方法是一种随机抽样方法。[228] MCMC 法的基本思想是通过构建马尔可夫链获取随机变量的样本值。首先，需要选择一个概率分布作为建议概率分布，在这个建议概率分布中抽样出一个样本作为候选样本。然后，建立可操作的状态转移规则，根据这个状态转移规则，用接受概率状态判断是否转移。重复以上的判断过程，将产生一条马尔可夫链。如果所产生的马尔可夫链满足不可约、非周期和遍历性，那么经过足够多步的状态转移后，这条马尔可夫链的平稳分布将渐进收敛于已知的概率分布。此时，该马尔可夫链的各个状态就是随机变量的样本值。

根据上述思想，将模拟谣言传播过程的 MCMC 法的执行步骤总结如下。

第 1 步：给定模型中未知参数的初始值。令 $\theta^{(0)} = (\beta^{(0)},\gamma^{(0)})$ 为模型（5－7）中未知参数的初始向量。

第 2 步：设置算法运行的初始时间为 $t = 0$ 。

第 3 步：未知参数的联合更新（循环过程）。

（1）从建议分布 $q(\theta' \mid \theta^{(t)})$ 中抽取 θ' 。这里建议分布 $q(\theta' \mid \theta^{(t)})$ 的选取基于随机游走（random walk）取样。

（2）从均匀分布 $U(0,1)$ 中抽取随机数 u 。

（3）如果 $u \leqslant \alpha(\theta',\theta^{(t)})$ ，则 $\theta^{(t+1)} = \theta'$ ，接受候选值；否则 $\theta^{(t+1)} = \theta^{(t)}$ ，拒绝候选值。这里 $\alpha(\theta',\theta^{(t)})$ 是接受概率。

（4）循环每执行一次，时间累积更新一次，即 $t = t + 1$ 。

（5）经过一个 Burn－in 期后，每执行 s 次循环后存储 $\theta^{(t+1)}$ 。Burn－in 期指被舍弃的收敛前的所有取样。

第 4 步：当 t 充分大后（马尔可夫链收敛为止）结束循环。

这里，抽样算法采用的是梅特罗波利斯－黑斯廷斯（Metropolis－Hastings）算法（简称为 MH 算法）。[229] 该算法有两种不同的抽样方法：单参数更新和联合更新。此处 MCMC 法的第 3 步设计的是参数的联合更新。

5.3.3 仿真结果及对比分析

在明确了模拟模型（5－7）的数值解和蒙特卡罗仿真方法的原理和具体实现步骤后，本小节将分别采用这两种方法来模拟模型（5－7）的解曲线 $I(t)$ 的变化规律，以此来呈现不同条件下谣言传播者数量的动态变化。

不失一般性，假设任意一个动态网络中节点的入度分布和出度分布均满足幂律分布，即 $p(k^{in}) = c_1(k^{in}) - \gamma_1$ ，$p(k^{out}) = c_2(k^{out}) - \gamma_2$ ，这里 c_1 和 c_2 都是正常数。由复杂网络理论可知，当 $2 < \gamma_1, \gamma_2 < 3$ 时，该动态网络是无标度的。图 5－2 给出了两个无标度网络的入度分布示意图。而当 $\gamma_1, \gamma_2 > 3$ 时，这个动态网络会逐渐演变为同质网络。

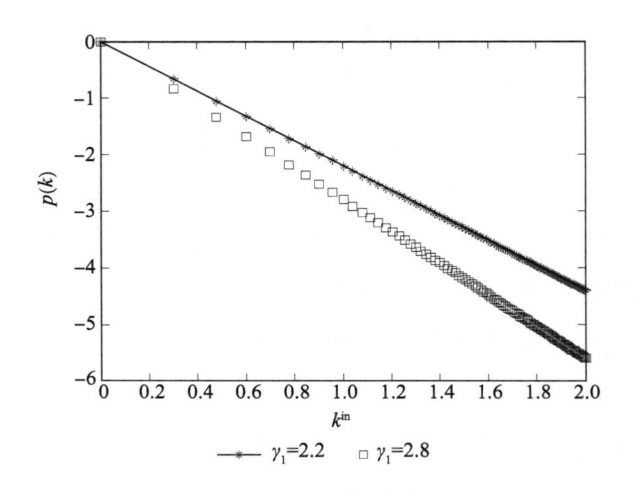

图 5－2　两个无标度网络的入度分布示意图

下面以一个初始时刻节点数量为 $N_0 = 10000$ 的动态网络为例，模拟（5－7）的解曲线 $I(t)$ 随时间 t 的变化情况。如果一个动态网络在初始时刻的网络规模为 $N_0 = 10000$ ，那么下一个时刻该网络的规模将演变为 N_1 ，且有 $N_1 = N_0 \cdot \langle k^{in} \rangle$ ，这里 $\langle k^{in} \rangle$ 表示初始时刻该网络中节点的平均入度，其计算公式为 $\langle k^{in} \rangle = \sum_k kp(k^{in})$ 。为了验证模型（5－7）的普适性，给这个动态网络赋予三种不同的网络拓扑结构。也就是说，分别在三个网络 G1、G2 和 G3 上执行数值模拟与蒙特卡罗仿真（注意，这三个网络的初始规模 N_0 是相同的）。表 5－1 详细列举了这三个网络的拓扑结构。表5－2则给出了这三个网络经过一个时间间隔后的网络规模（节点数量）的变化情况。

表 5-1 三个具有不同拓扑结构的网络的具体参数

网络	c_1	γ_1	$\langle k^{in} \rangle$	c_2	γ_2	$\langle k^{out} \rangle$
G1	1	2.2	4.7991	1	2.5	2.5924
G2	1	2.8	1.8814	1	2.5	2.5924
G3	1	3.5	1.3415	1	3.2	1.4905

表 5-2 网络规模随时间的演化

网络	N_0	N_1
G1	10000	47991
G2	10000	18814
G3	10000	13415

首先考虑 $R_0 < 1$ 的情况。由 5.2.3 节的理论分析可知，在 $R_0 < 1$ 的条件下，模型（5-7）的解 $I(t)$ 是稳定的。因此，在执行数值仿真时，初值的选取并不会影响最终的仿真结果。这里，不妨假设 $I(0) = 2$，即初始时刻网络中只有 2 个谣言传播者，其余个体都是易感个体。在这个初值条件下，网络 G1、G2 和 G3 中谣言传播者数量 $I(t)$ 随时间 t 的变化如图 5-3 所示。在模拟曲线 $I(t)$ 的变化趋势时，分别使用了 R-K 法和 MCMC 法。

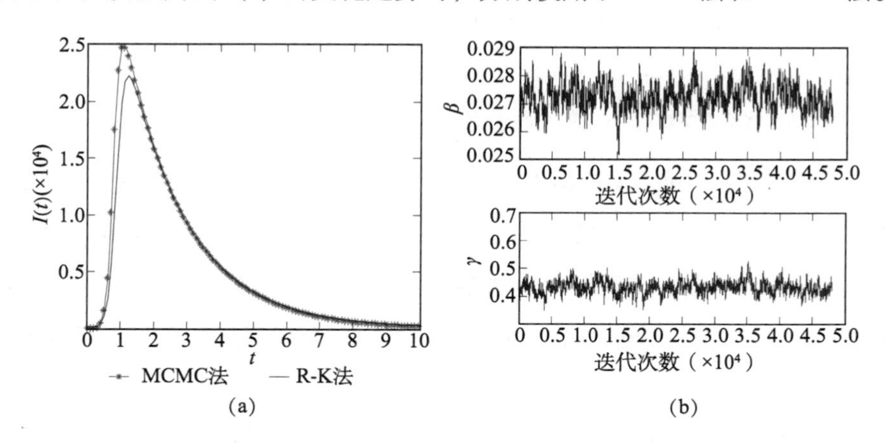

图 5-3 当 $R_0 < 1$ 时，传播者数量的变化曲线图

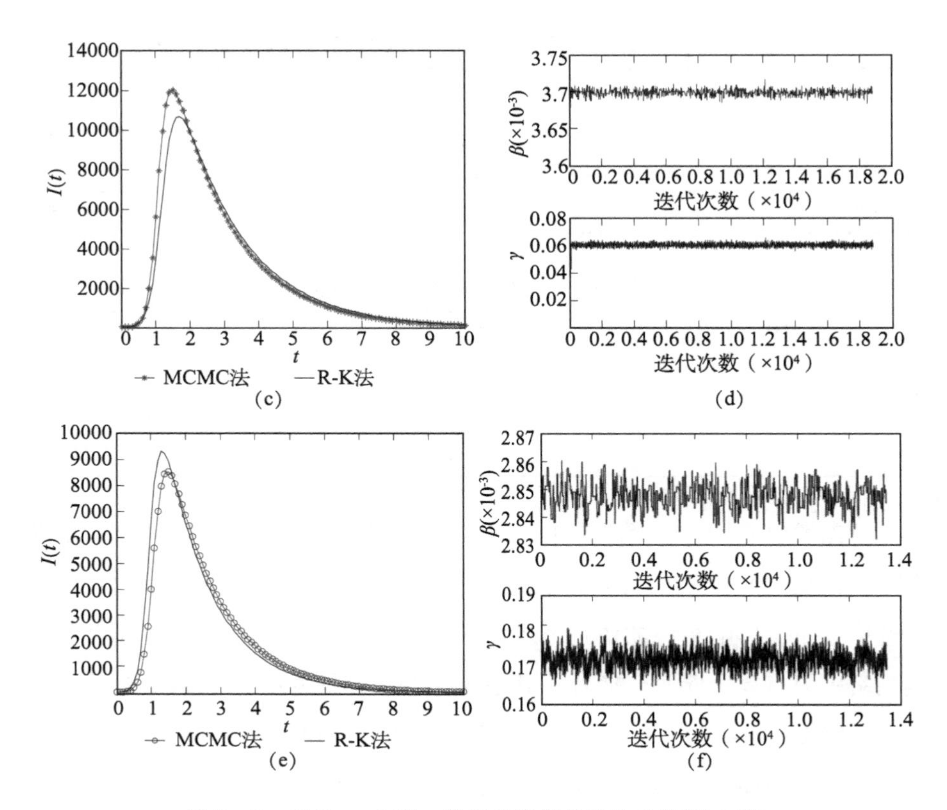

图 5－3　当 $R_0 < 1$ 时，传播者数量的变化曲线图（续）

注：(a)、(c) 和 (e) 分别为网络 G1，G2 和 G3 中 $I(t)$ 的变化规律。(b)、(d) 和 (f) 分别为 MCMC 法给出参数 (β,γ) 的后验分布的样本。

由图 5－3 可知，无论是在无标度网络 G1 和 G2 中，还是在同质网络 G3 中，当 $R_0 < 1$ 时，如果 $t \to \infty$，则均有 $I(t) \to 0$ 成立。这意味着在 $R_0 < 1$ 的情况下，一个社交网络中传播某一条谣言的个体会逐渐减少并最终趋于消失。换言之，在满足 $R_0 < 1$ 的条件下，一个社交网络中的谣言传播是可控的。

下面继续来模拟 $R_0 > 1$ 的情形。同样，选择初始值 $I(0) = 2$，图5－4 给出了网络 G1、G2 和 G3 中曲线 $I(t)$ 随时间 t 的动态变化。在模拟曲线 $I(t)$ 的变化趋势时，同样均采取了 R－K 法和 MCMC 法，但此处略去了

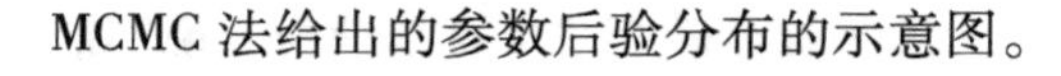
MCMC 法给出的参数后验分布的示意图。

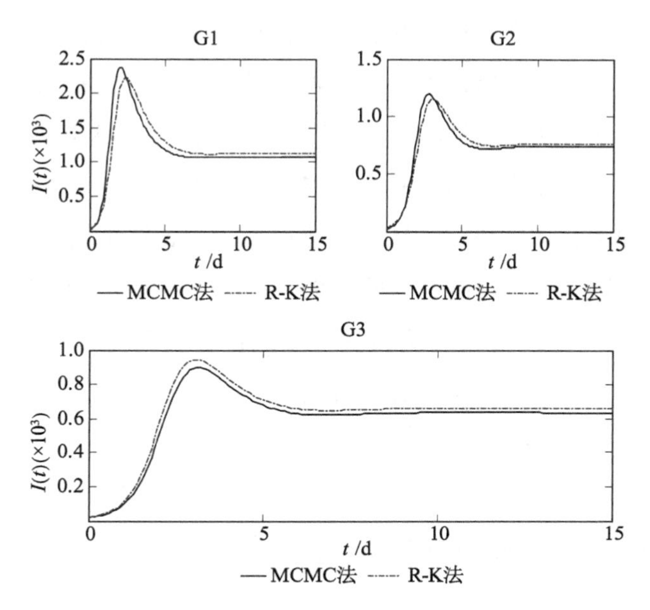

图 5-4 当 $R_0 > 1$ 时，传播者数量的变化曲线图

由上述模拟结果可知，当 $R_0 > 1$ 时，一个社交网络中最终还是会存在一定数量的谣言传播者。这个结论同样适用于不同的网络结构（无标度网络、同质网络）。进一步地，还可以计算出当 $t \to \infty$时，易感者 $S(t) \to \frac{\mu k_5 + \gamma k_3}{\beta k_1 k_2}$，传播者 $I(t) \to \frac{\beta k_1 k_2 \Lambda - \mu k_4(\mu k_5 + \gamma k_3)}{\beta k_1 k_2(\mu k_5 + \gamma k_3)}$。这意味着在 $R_0 > 1$ 的情况下，一个社交网络中的一条谣言将会长期存在，并不会随着时间的流逝而被人们淡忘。另外，易感个体、传播个体和不传播个体构成的系统的平衡状态是脆弱的，一旦外界条件发生改变，即使是非常微小的变化，都可能导致传播谣言的人数激增，进而导致该谣言再次大规模地扩散。

分别将模型（5-7）在无标度网络 G1、G2 和同质网络 G3 中进行模拟，我们可以发现，尽管在不同的网络结构下，谣言传播者的数量和该数量达到峰值的时刻不尽相同，但谣言传播者数量的动态变化趋势却是相似的。在 $R_0<1$ 的情况下，谣言传播者的数量会逐渐减少直至消失，说明谣言是可控的。否则，谣言传播者会在网络中长期存在，而且传播者数量随时可能产生重大变化，换言之，一条谣言随时有大规模爆发的可能，其传播将不受控。这些仿真结果与5.2.3节中的理论分析结果是一致的。最后，由以上仿真结果可以发现R－K法和MCMC法的模拟结果是比较接近的。当一个网络是无标度网络时，MCMC法得到的仿真结果会略大于R－K法的仿真结果。而当一个网络是同质网络时，这两种模拟方法得到的仿真结果正好相反。事实上，R－K法和MCMC法都是实际应用中行之有效的仿真分析方法，并不存在方法上的绝对最优，在实际应用中，可根据具体问题灵活选用。

5.4 谣言传播的控制方案

由【定理5－1】可知，为了控制一条谣言的传播与扩散，应该降低 R_0 的值。由 R_0 的表达式可以发现，减小传播概率 β 是降低 R_0 值的有效方法。在实际应用中，减小传播概率 β 的一种常用方法是对社交网络中的用户进行科普教育，普及科学知识，当易感个体具有很强的辨别能力去识别一条谣言内容的真伪时，这些个体就不会轻易地散布谣言。此外，当社会热点事件或自然灾害等公共事件突然发生时，监管部门与政府机关应当及时发布事件相关消息，保障群众的知情权，只有这样才能有效地杜绝各类不实消息与谣言的滋生和泛滥。

R_0 的大小除与传播概率 β 有关外，还受 k_1 和 k_2 的制约。对于网络中的一个节点 v_i 而言，若有 $k_i^{\mathrm{in}} \gg k_i^{\mathrm{out}}$ 成立，因 $k_1=\langle k_S^{\mathrm{out}}\rangle$，$k_2=\langle k_I^{\mathrm{in}}\rangle$，故有 $k_2 \gg k_1$ 成立。在这种网络拓扑结构下，与其盲目地引导该网络中的用户，不如有针对性地对传播个体进行引导和教育，其效果更为理想。此外，在这种情况下识别传播类 I 中的超级传播者非常必要。准确地识别出一个网络中的超级传播者并加以劝导和管制，谣言的控制效果必然事半功倍。判断一个网络中的一个节点 v_i 是否为超级传播者可考虑以下三个因素：①判断一条谣言的传播是始于一个孤立节点还是在很多节点同时爆发；②考察一个节点 v_i 在网络中的位置是否为 k－核；③衡量一个节点 v_i 的入度 k_i^{in} 的大小。更加具体的判断方法可参考 Kitsak 等关于“复杂网络中超级传播者的识别”的研究成果。[230]若一个网络中的一个节点 v_i 呈现出 $k_i^{in} \approx k_i^{out}$，则意味着网络中每个节点的平均度近似相等。如果一个网络呈现出这种拓扑结构，那么为了减小传播概率 β 而对网络中的个体实施科普教育时，则不再需要刻意区分该个体是易感个体还是传播个体。因为在这种情况下，对哪类个体实施科普教育的效果都是相同的。以上是根据【定理 5－1】得到的关于一个社交网络中控制谣言传播的若干建议，期望这些研究结论可以辅助管理部门或社交网络平台制定更为有效的谣言管控策略。

5.5 谣言免疫控制模型

5.5.1 模型建立

尽管 5.2～5.4 节在理论上证明了一个动态网络中的谣言传播在一定条件下具有可控性，并且给出了降低传播概率 β 的若干建议，但在实际应用中只通过这一种途径来控制谣言的传播与扩散远远不能满足需求。为了探寻更有效的谣言控制策略，本节在模型（5－5）的基础上建立了一个具有控制功能的谣言传播模型，其建立思路如下。根据人们对一条谣言所表现出的心理特征和行为特点，仍将一个社交网络中的个体划分为三个类：易感类 S、传播类 I 和不传播类 R。由图 5－1 所刻画的谣言传播机制可知，传播个体由易感个体转化而来，因此，控制谣言传播的关键在于对易感人群 S 进行监控，因为这个群体是可能转化为谣言传播者的潜在人群。如果能够采取某种措施，使易感类 S 中的个体直接转变为不传播谣言的个体，那么传播个体的数量必然会大大减少，一条谣言的传播自然就得到了有效的控制。将易感人群作为监控的目标人群也是预防传染性疾病大规模流行的常规做法。众所周知，预防和控制一种传染病的最有效手段就是接种疫苗，其实质就是对易感染人群进行免疫，使其不会转变为感染者（传播者）。这里，本书仍然借用“免疫”这一术语，在模型（5－5）的基础上构建一个带有防控功能的谣言免疫传播模型。这个模型中各个群体之间的关系如图5－5所示。

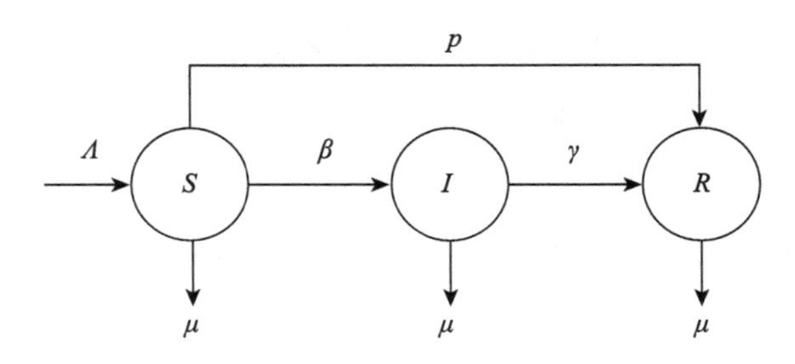

图5－5　在线社交网络上谣言传播的免疫控制模型

图5－5中的参数 p 表示易感群体的有效免疫系数，参数 Λ，β，μ 和 γ 的实际含义均与模型（5－5）相同，这里不再赘述。在明确了图5－5中各参数的具体含义后，群体 S、I 和 R 中个体数量的动态变化可以描述为如下的非线性微分动力系统模型：

$$\begin{cases}\dfrac{dS}{dt}=\Lambda-\beta\cdot\langle k_S^{out}\rangle\cdot S\cdot\langle k_I^{in}\rangle\cdot I-\mu\cdot\langle k_S\rangle\cdot S-p\cdot\langle k_S^{out}\rangle\cdot S\\ \dfrac{dI}{dt}=\beta\cdot\langle k_S^{out}\rangle\cdot S\cdot\langle k_I^{in}\rangle\cdot I-\mu\cdot\langle k_I\rangle\cdot I-\gamma\cdot\langle k_I^{out}\rangle\cdot I\\ \dfrac{dR}{dt}=\gamma\cdot\langle k_I^{out}\rangle\cdot I+p\cdot\langle k_S^{out}\rangle\cdot S-\mu\cdot\langle k_R\rangle\cdot R.\end{cases}\tag{5-11}$$

由于这个模型刻画了易感个体经过“免疫”后，直接转化为不传播个体的变化过程，因而称这个模型为谣言的免疫控制模型。由模型表述的实际含义可知，该模型的可行域仍然是区域 $D=\left\{(S,I,R)\in R_{+}^{3}\mid 0\leqslant S+I+R\leqslant\frac{\Lambda}{\mu}\right\}$。

5.5.2　模型的动力学性质分析

模型（5－11）的动力学性质与行为的分析方法与模型（5－5）类似。同样利用5.2.3节给出的记号来改写模型（5－11），并且仍然只考虑模型（5－11）的平面系统，可以得到如下的简化模型：

$$\begin{cases}\frac{\mathrm{d}S}{\mathrm{d}t}=\Lambda-\beta k_1k_2SI-\mu k_4S-pk_1S\\ \frac{\mathrm{d}I}{\mathrm{d}t}=\beta k_1k_2SI-\mu k_5I-\gamma k_3I.\end{cases}\tag{5－12}$$

求解这个二维非线性微分动力系统模型，可知模型（5－12）可能存在两个平衡点 $M_{[p]1}\left(\frac{\Lambda}{\mu k_4+pk_1},0\right)$ 和 $M_{[p]2}(S_{[p]}^{*},I_{[p]}^{*})$，其中 $S_{[p]}^{*}=\frac{\mu k_5+\gamma k_3}{\beta k_1k_2}$，$I_{[p]}^{*}=\frac{\beta k_1k_2\Lambda-(\mu k_4+pk_1)(\mu k_5+\gamma k_3)}{\beta k_1k_2(\mu k_5+\gamma k_3)}$。若令 $R'_0=\frac{\beta k_1k_2\Lambda}{(\mu k_4+pk_1)(\mu k_5+\gamma k_3)}$，则对于模型（5－12），可以得到如下结论：

（1）如果 $R'_0<1$，则模型（5－12）有唯一的正平衡点 $M_{[p]1}\left(\frac{\Lambda}{\mu k_4+pk_1},0\right)$；

（2）如果 $R'_0>1$，则模型（5－12）有一个边界平衡点 $M_{[p]1}\left(\frac{\Lambda}{\mu k_4+pk_1},0\right)$ 和唯一的正平衡点 $M_{[p]2}(S_{[p]}^{*},I_{[p]}^{*})$。

利用非线性微分动力系统的稳定性理论对上述结论进行分析，可得到如下定理。

【定理 5－2】对于模型（5－12）而言：

（1）如果 $R'_0 < 1$，则模型（5－12）的唯一的正平衡点 $M_{[p]1}\left(\dfrac{\Lambda}{\mu k_4 + pk_1},0\right)$ 是全局渐进稳定的；

（2）如果 $R'_0 > 1$，则模型（5－12）的边界平衡点 $M_{[p]1}\left(\dfrac{\Lambda}{\mu k_4 + pk_1},0\right)$ 不稳定，而唯一的正平衡点 $M_{[p]2}(S^*_{[p]},I^*_{[p]})$ 全局渐进稳定。

证明：由模型（5－12）知，点 $M_{[p]1}$ 处的雅可比矩阵为

$$\boldsymbol{J}_{M_{[p]1}} = \begin{pmatrix} -\beta k_1 k_2 I - \mu k_4 - pk_1 & -\beta k_1 k_2 S \\ \beta k_1 k_2 I & \beta k_1 k_2 S - \mu k_5 - \gamma k_3 \end{pmatrix}\Bigg|_{M_{[p]1}}$$

$$= \begin{pmatrix} -\mu k_4 - pk_1 & -\dfrac{\beta k_1 k_2 \Lambda}{\mu k_4 + pk_1} \\ 0 & \dfrac{\beta k_1 k_2 \Lambda}{\mu k_4 + pk_1} - \mu k_5 - \gamma k_3 \end{pmatrix}.$$

令 $|\sigma \boldsymbol{E} - \boldsymbol{J}_{M_{[p]1}}| = 0$，可知有 $(\sigma + \mu k_4 + pk)\left(\sigma - \dfrac{\beta k_1 k_2 \Lambda}{\mu k_4 + pk_1} + \mu k_5 + \gamma k_3\right) = 0$，则点 $M_{[p]1}$ 处的雅可比矩阵所对应的特征多项式的两个特征根分别为 $\sigma_1 = -\mu k_4 - pk_1$，$\sigma_2 = \dfrac{\beta k_1 k_2 \Lambda}{\mu k_4 + pk_1} - \mu k_5 - \gamma k_3$。

取 $R'_0 = \dfrac{\beta k_1 k_2 \Lambda}{(\mu k_4 + pk_1)(\mu k_5 + \gamma k_3)}$，当 $R'_0 < 1$ 时，显然有 $\sigma_1 < 0$，$\sigma_2 = \dfrac{\beta k_1 k_2 \Lambda}{\mu k_4 + pk_1} - \mu k_5 - \gamma k_3 < 0$，即 $\boldsymbol{J}_{M_{[p]1}}$ 的特征多项式的两个特征根均具有严格负实部，并且已知 $M_{[p]1}$ 为模型（5－12）的正平衡点，所以 $M_{[p]1}$ 在可行域 D 内局部渐近稳定。另外，已知当 $R'_0 < 1$ 时，$M_{[p]1}$ 为可行域 D 内唯一的一个正平衡点，区域 D 内不存在其他闭轨线，因此，平衡点 $M_{[p]1}$ 在 D 内全局渐近稳定。

而当 $R'_0 > 1$ 时，模型（5－12）存在一个边界平衡点 $M_{[p]1}$ 和唯一的

正平衡点 $M_{[p]2}(S_{[p]}^*, I_{[p]}^*)$ 。此时，由上面计算可知，$\boldsymbol{J}_{M_{[p]1}}$ 的一个特征根 $\sigma_1 = -\mu k_4 - pk_1 < 0$ ，而另一个特征根 $\sigma_2 = \dfrac{\beta k_1 k_2 \Lambda}{\mu k_4 + pk_1} - \mu k_5 - \gamma k_3 > 0$ 。这意味着边界平衡点 $M_{[p]1}$ 在可行域 D 内不稳定。

下面再来计算平衡点 $M_{[p]2}$ 处的雅可比矩阵，易知 $\boldsymbol{J}_{M_{[p]2}} = \begin{pmatrix} -\beta k_1 k_2 I^* - \mu k_4 - pk_1 & -\beta k_1 k_2 S^* \\ \beta k_1 k_2 I^* & \beta k_1 k_2 S^* - \mu k_5 - \gamma k_3 \end{pmatrix}\Bigg|_{M_{[p]2}}$ 。由这个矩阵所诱导出的特征方程为 $|\sigma \boldsymbol{E} - \boldsymbol{J}_{M_{[p]2}}| = 0$。由此特征方程解出的 $\boldsymbol{J}_{M_{[p]2}}$ 的两个特征根分别记为 σ'_1 和 σ'_2 。当 $R'_0 > 1$ 时，有 $\sigma'_1 < 0$ 并且 $\sigma'_2 < 0$ ，即 $\boldsymbol{J}_{M_{[p]2}}$ 的两个特征根均具有严格负实部，所以 $M_{[p]2}$ 在区域 D 内局部渐进稳定。

更进一步地，取杜拉克函数 $B(S,I) = \dfrac{1}{I}$ ，计算

$$\frac{\partial}{\partial S}\left(\frac{\Lambda - \beta k_1 k_2 SI - \mu k_4 S - pk_1 S}{I}\right) + \frac{\partial}{\partial I}\left(\frac{\beta k_1 k_2 SI - \mu k_5 I - \gamma k_3 I}{I}\right)$$

$$= \frac{\partial}{\partial S}\left(\frac{\Lambda}{I} - \beta k_1 k_2 S - \frac{\mu k_4 S}{I} - \frac{pk_1 S}{I}\right) + \frac{\partial}{\partial I}(\beta k_1 k_2 S - \mu k_5 - \gamma k_3)$$

$$= -\beta k_1 k_2 - \frac{\mu k_4}{I} - \frac{pk_1}{I} < 0 .$$

根据杜拉克准则知，可行域 D 内不存在闭轨线。因此，由庞加莱－本迪克松（Poincaré－Bendixson）定理[231]可知平衡点 $M_{[p]2}$ 在可行域 D 内全局渐近稳定。

5.5.3 数值模拟

为了测试对易感人群进行免疫是否可以达到控制谣言传播的目的，在上节理论分析的基础上，本小节对模型（5－12）进行仿真模拟，以此来测试模型（5－12）的有效性。测试思路为：在 $R'_0 > 1$ 的情况下，通过逐渐增大免疫系数 p 的方式来观察网络中谣言传播者数量的动态变化。这里

令 p 分别等于 0.2，0.4 和 0.6，其他参数的取值和初始条件均与图5－4 相同。由于 5.3.3 节显示 R－K 法和 MCMC 法的模拟效果相近，这里选择只用 MCMC 法来模拟模型（5－12）的解曲线 $I(t)$ 的变化规律。同样，为了使模型（5－12）的结论具有普适性，分别在无标度网络 G1 和同质网络 G3 中执行蒙特卡罗模拟。模拟结果如图 5－6 和图 5－7 所示。

将上述模拟结果与图 5－4 进行对比不难发现，即使其他参数均保持不变，只是增大免疫系数 p 的值，网络中传播个体的数量也会明显减少，而且这一结论无论是在无标度网络中，还是在同质网络中都是成立的。由此可见，对易感个体进行免疫可以有效地控制一条谣言的传播与扩散。

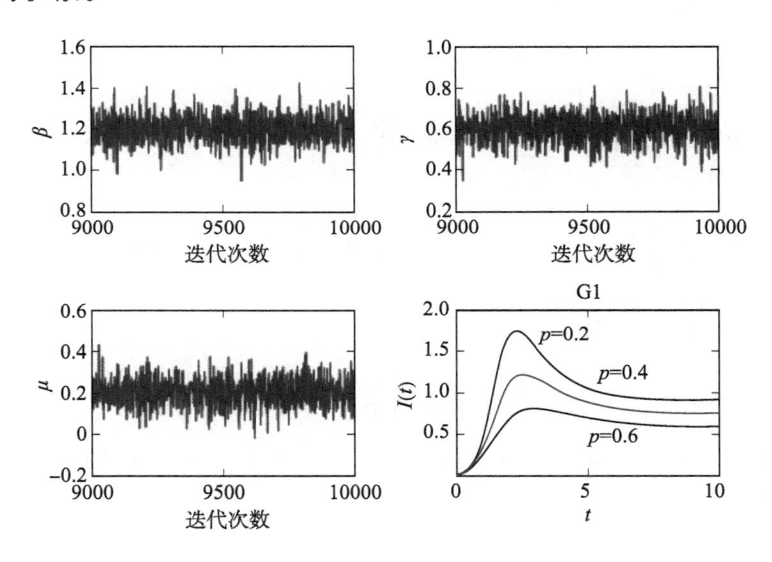

图 5－6　传播者 $I(t)$ 随时间 t 的变化曲线图

注：G1 的度分布服从 $p(k) \sim k^{-\gamma}$，$\gamma_{in} = 2.2$，$\gamma_{out} = 2.5$。

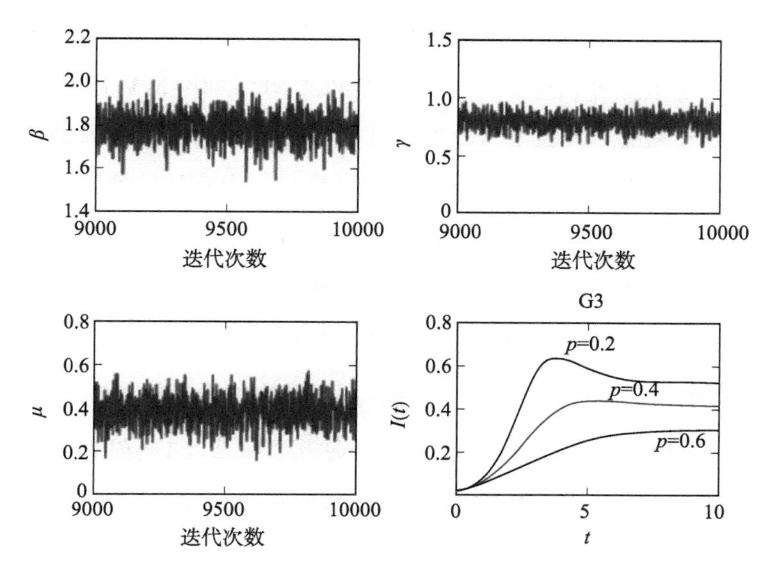

图 5 – 7　传播者 $I(t)$ 随时间 t 的变化曲线图

注：G3 的度分布服从 $p(k) \sim k^{-\gamma}$，$\gamma_{in} = 3.5$，$\gamma_{out} = 3.2$。

5.5.4　最优免疫系数

模型（5 – 12）的理论分析和仿真模拟均显示对易感群体实施免疫能够有效地控制谣言的传播，并且由模型（5 – 12）的仿真分析还可以发现免疫系数越大，对谣言扩散的控制效果越好。也就是说，免疫的易感个体数量越多，相应地传播个体的数量就会越少。从理论上讲，这种做法虽然有效，但同时也存在着弊端，因为增大免疫系数意味着更多人力和物力资源的投入，付出更多的控制成本。在实际应用中，能够完成预期的防控目标并且控制免疫成本是管理者所期望的。本小节将依据模型（5 – 7）和模型（5 – 12）的动力学性质来推导最优的免疫系数，最优免疫系数的确定既有助于管理部门或社交网络平台完成既定防控目标，又能有效地避免社会资源与人力成本的消耗与浪费。

目前，用来衡量一个复杂网络免疫效果的指标有两个。其一是网络的拓扑半径。如果某种网络免疫方法能够最大限度地降低该网络的谱半径 λ，那么这种免疫方法就可以最大限度地降低传播阈值。一般来说，这种方法更适用于静态网络。度量免疫效果的第二个指标是计算网络达到稳定状态时传播节点的数目。[74] 由于谣言传播网络是一个动态网络，随着时间的推移和个体状态的实时变化，显然以降低网络谱半径为标准来衡量免疫效果并不理想。因此，这里把传播系统达到稳定状态时，网络中传播个体的数量作为评估一种免疫方法的指标，并据此来推导最优免疫系数。

在 $R_0 > 1$ 和 $R'_0 > 1$ 的情形下，分别考查模型（5－7）与模型（5－12）达到稳定状态时谣言传播者的数量，即在稳态平衡点 M_2 和 $M_{[p]2}$ 处分别有

$$I^* = \frac{\beta k_1 k_2 \Lambda - \mu k_4(\mu k_5 + \gamma k_3)}{\beta k_1 k_2(\mu k_5 + \gamma k_3)} \tag{5-13}$$

和

$$I^*_{[p]} = \frac{\beta k_1 k_2 \Lambda - (\mu k_4 + p k_1)(\mu k_5 + \gamma k_3)}{\beta k_1 k_2(\mu k_5 + \gamma k_3)}. \tag{5-14}$$

结合式（5－13）与式（5－14）中各参数的实际含义，显然有 $I^*_{[p]} < I^*$。若令 L 为一个正的常数（$L > 1$），设定预期的防控目标为对易感群体实施免疫后，网络中谣言传播者的数量减少为原来的 $\frac{1}{L}$，即

$$I^*_{[p]} = \frac{1}{L} \cdot I^* \tag{5-15}$$

成立。

将式（5－13）与式（5－14）代入式（5－15），显然有

$$\frac{\beta k_1 k_2 \Lambda - (\mu k_4 + p k_1)(\mu k_5 + \gamma k_3)}{\beta k_1 k_2(\mu k_5 + \gamma k_3)} = \frac{1}{L} \cdot \frac{\beta k_1 k_2 \Lambda - \mu k_4(\mu k_5 + \gamma k_3)}{\beta k_1 k_2(\mu k_5 + \gamma k_3)}. \tag{5-16}$$

进一步计算可知，

$$p = \frac{L-1}{L}\left(\frac{\beta k_2}{\mu k_5 + \gamma k_3} \cdot \Lambda - \frac{k_4}{k_1}\mu\right). \quad (5-17)$$

由此可见，实施免疫策略时应使免疫系数 p 与进入社交网络平台的人数 Λ 成正比，比例系数为

$$\omega = \frac{(L-1)\beta k_2}{L(\mu k_5 + \gamma k_3)}. \quad (5-18)$$

通过计算实施免疫前后传播个体的数量变化可以发现免疫系数 p 应与进入社交网络平台的人数 Λ 成正比，因而在制定免疫策略时，应该密切关注一个网络平台中的新增个体，这些新增个体都可能是潜在的传播个体。此外，由式（5－17）还可以发现，免疫系数 p 不仅与传播概率 β 、传播者的恢复率 γ 及群体移出率 μ 有关，而且还与传播节点的入度 k_2 、出度 k_3 和平均度 k_5 密切相关。这些关系可以指导我们根据网络的拓扑结构和易感个体的特点来制定更为有效的免疫策略。

5.6　控制阈值的进一步讨论

为了在理论上明确社交网络中的谣言传播是否具有可控性，本章提出了一个能够刻画动态网络中谣言传播规律的传播模型。模型（5－5）的动力学性质分析显示，如果传播群体的基本再生数 R_0 小于 1，那么一条谣言的传播是可控的，否则，这条谣言的传播与扩散将不受控。尽管社交网络中谣言传播的相关研究已经取得了丰硕的成果，但已有研究大多囿于静态网络，较少涉及动态网络。本章提出的基于动态网络的谣言传播模型也仅仅是抛砖引玉，伴随着复杂网络理论的不断发展和谣言传播问题研究的进一步深入，对于动态网络和多层网络中谣言传播问题的研究将是大势所趋。与静态网络中的谣言传播模型相比，本章给出的谣言传播模型最大的特点是能够呈现出一个网络中不同节点的差异及由这些差异所引起的动态

变化对谣言传播过程和传播规律的影响。此外，本章给出的谣言传播模型可视为静态网络中 SIR 谣言传播模型的一个推广。以传播群体的基本再生数 R_0 为例，由模型（5－5）计算出 $R_0=\frac{\beta k_1 k_2 \Lambda}{\mu k_4(\mu k_5+\gamma k_3)}$，这说明一条谣言的复制速度与易感节点的属性、传播节点的传播能力密切相关。而在一个静态网络中计算出的一条谣言的复制速度为 $R_0^{tra}=\frac{\beta\Lambda}{\mu(\mu+\gamma)}$，它是一个常数。显然，静态网络中的 R_0^{tra} 是动态网络的基本再生数 R_0 的一个特例。

在给出了判断一条谣言传播可控性条件的基础上，本章继续探讨了控制谣言传播的最优策略。在模型（5－5）的基础上，本章构建了一个谣言免疫控制模型（5－11），通过对该模型进行理论分析和仿真模拟，可以发现对易感群体进行免疫能够有效预防和控制一条谣言的传播与扩散。此外，通过对比实施免疫方法前后网络中谣言传播者的数量，本章也给出了执行免疫方法时需要免疫易感人群的最佳比例。这个最佳比例即最优免疫系数，它的确定在现实应用中具有重要的指导意义。依据此系数实施免疫既可以保证完成预期控制目标，又能避免过度免疫所带来的人力和物力等社会资源的浪费。在实际应用中，具体的免疫方法也很多，管理部门在执行免疫策略时可以根据谣言本身的特点和谣言传播平台的网络拓扑结构灵活选择。一般来说，如果网络中节点的平均入度和平均出度近似相等，即一个节点接触一条谣言的渠道和该节点传播谣言的能力比较接近，可以选择随机免疫的方法，这样可以节省免疫成本，同时也能保证较好的免疫效果。如果网络中一个节点的入度远远大于出度，即这个节点的传播能力很强，也就是所谓的“超级传播者”，那么目标免疫的效果更好。虽然在网络中寻找超级传播者有一定的成本耗费，但免疫一个超级传播者会引发粉丝效应等连锁反应，等价于免疫了大量的易感个体。

本章的研究结论不仅给谣言的防控工作提供了理论基础，同时也为谣言防控策略的实施提供了一些新的启示。但本章研究只是解决动态网络中谣言传播问题的一个简单尝试，还有很多不足与局限有待进一步改进和完善。例如，碍于真实数据获取上的困难，对于模型（5－5）和模型（5－11）的效果验证仅能采取仿真模拟的方法，待将来研究条件更成熟，数据资源更丰富时，将在真实的社交网络数据集上测试这些模型。另外，囿于数学证明上的困难，本章没有考虑谣言传播过程中可能存在的潜伏阶段。我们将来会进一步建立带有潜伏阶段的谣言传播模型，探讨模型的动力学性质，以期能够更准确、更全面地刻画一条谣言的传播过程。

5.7 本章小结

本章针对社交网络上谣言传播呈现“结构＋信息”的传播特点，借助复杂网络理论和节点度值转化思想，刻画了谣言传播的动态网络的形成，在此基础上，对动态网络中谣言的传播过程进行了建模，并深入探讨了这种动态网络结构下一条谣言传播的可控性。在明确了谣言传播的控制条件后，本章进一步探讨了控制谣言传播的具体策略。理论分析和仿真模拟均证实对易感群体进行“免疫”是控制谣言传播的有效方法。

在理论方面，本章详细论证了动态网络中谣言传播的可控性，并利用非线性微分动力系统的稳定性理论推导出了可控性条件。这项研究不仅丰富了现有的研究成果，也是研究动态网络结构中谣言传播问题的一个初步尝试。伴随着网络科学的发展，传统的静态网络分析已经不能满足需求，研究动态网络和多层网络上的谣言传播问题已是大势所趋。此外，借助传染病学中“免疫”的思想，本章也给出了一个可用于指导实践工作的谣言免疫控制模型，并给出了控制一条谣言传播的最优免疫系数，这给实际的防控工作提供了必要的理论支撑。

除理论价值之外，本章研究的出发点和立足点是期望为实践工作提供更多行之有效的方法和建议。本章提出应该针对一条谣言的类型、传播平台和传播平台的网络拓扑结构等因素，合理地制定谣言控制策略。在不同的传播情境中，目标免疫方法和随机免疫方法又是各自有效的。另外，依据既定的控制目标，确定最优的免疫系数能够显著地节省控制成本，这些研究发现和结论可以为现实的谣言防控工作提供有价值的参考。在社交网络中，谣言的传播虽然迅猛，且常常伴有很多不确定性因素，但在一定条件下一条谣言的传播也是可测、可防和可控的。监管部门与社交网络平台只要适时地加以引导和干预，就能够令公众摆脱谣言传播所带来的消极影响，引导网民告别互联网低智商时代，尽享科技进步所创造的便利与美好。

第六章　健康社区虚假信息涌现

伴随着智能手机的普及与各种在线社群的流行，在线信息生成和传递的成本越来越低，信息内容的不确定性越来越高，但这些获取便捷、可信度不高的信息往往成为人们做决策时的重要依据，在某些领域，尤其是医疗领域造成的后果不可估量。由于人们的现实需求和信息差的存在，人们在选择医院与医生就诊及选择治疗方案时通常会通过各种社群、自媒体与社交网络来搜集医疗信息。“51 奇迹”“篱笆社区”“小红书”等社群与健康论坛上各类就诊信息和医疗信息经常成为人们就医时的重要参考依据。一方面，在线社群上信息发布的门槛低，缺乏审核与监督，平台与用户为吸引流量经常会给出夸大或误导性标题，这些都为虚假信息滋生提供了温床。另一方面，信息的传递实质上是人们选择行为的结果。在传递信息的过程中，人们的焦虑、恐慌心理与人们受到群体压力而产生的从众行为都影响着信息的传播。

综合考虑人们对于医疗信息的特殊心理与行为特点及在线社群中信息的传播机制，本章以一个在线健康社区中的虚假信息为研究对象，讨论一条虚假信息在一个在线健康社区中的传播机制及群体的存在对于这条信息传播与扩散的影响。本章通过建立一个能够反映群体效应的虚假信息传播模型，分析和讨论模型的动力学性质与行为，期望揭示出群体与群体压力对信息传播的影响，以及在线健康社区中虚假信息泛滥的根源。

6.1 虚假信息传播模型

针对一个给定的在线健康社区，将对一条虚假健康信息敏感的群体记为 S , $S = \{s_i\}_{i=1}^{\infty}$ ，其中 s_i 表示每一个对这条信息感兴趣且很容易被影响的个体。相信一条虚假健康信息并积极传播它的群体记为 D , $D = \{d_j\}_{j=1}^{\infty}$ ，其中 d_j 表示每一个积极传播这条虚假信息的传播个体。在 t 时刻，群体 S 和 D 的人口密度分别为 $S(t)$ 和 $D(t)$ 。此外，假设给定的这个在线健康社区的总人口数量是一个常数，记为 N ，则有 $S(t) + D(t) = N(t) \equiv N$ 成立。

令 p 表示一个易感个体传播一条虚假健康信息的概率，这里 p 是一个正的常数。如果在某个时刻 t ，在这个给定的在线健康社区中只有一个传播者 d_1 ，那么在下一个时刻 $t+1$ ，一个易感个体 s_i 转变成一个传播个体 d_i 的概率显然为 p ，这是确定的。然而，假设在 t 时刻，传播个体远不止一个，那么在 $t+1$ 时刻的情形如何呢？如图 6－1 所示，当一个传播情境中存在若干个传播个体时，一个易感个体 s_i 转变成一个传播个体 d_i 的概率需要明确。

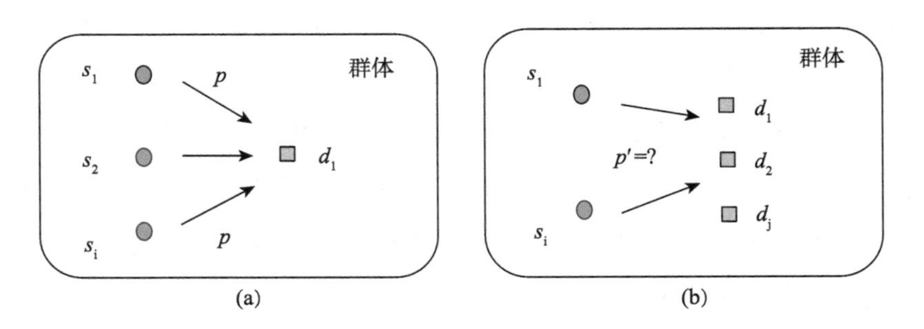

图 6－1　虚假信息的传播概率

（a）没有群体效应时；（b）存在群体效应时

t 时刻，当传播个体多于一个时，将一个易感个体转化为一个传播个体的概率，记为 p' , $p' = p(1+\omega)$, $\omega \geqslant 0$ ，参数 ω 是传播者群体对于一个易感个体的影响因子。事实上，这个影响因子相当于给常数的传播概率 p 赋予了一个权重。假定一个在线健康社区中的所有个体要么属于易感群体 S ，要么属于传播群体 D ，并且有 $S(t) + D(t) = N$ 成立，则可以计算出 $\omega(t) = D(t-1)/\sqrt{N}$ ，即当传播个体有很多时，一个易感个体变为一个传播个体的概率为

$$p'(t) = p(t-1) \cdot \frac{D(t-1)}{\sqrt{N}}. \tag{6-1}$$

显然，概率 $p'(t)$ 不是一个固定的常数，在任意一个时刻 t ，一个易感个体变为一个传播个体的概率都是动态变化的，它在某种程度上受到了传播个体数量的影响。并且，这个动态的传播概率和传播者数量之间具有正比例关系。事实上，由式（6－1）可以发现，随着传播者数量 $D(t-1)$ 的增多，一个新的易感个体变为一个新的传播者的概率 $p'(t)$ 是会逐渐变大的。

在明确了动态传播概率 $p'(t)$ 的具体表达形式后，可以对一个在线健康社区中一条虚假信息的扩散过程进行模拟。在 t 时刻，$p'(t)$ 表示一个易感个体转变为一个传播个体的传播接触率，即群体 S 中的一个易感个体将以概率 $p'(t)$ 移动到群体 D 中。另外，群体 D 中的某些个体会因为对继续传递一条虚假信息失去兴趣而选择离开群体 D ，将个体离开群体 D 的比例记为 γ 。个体在群体 S 和群体 D 间的动态变化可以抽象为图 6－2。

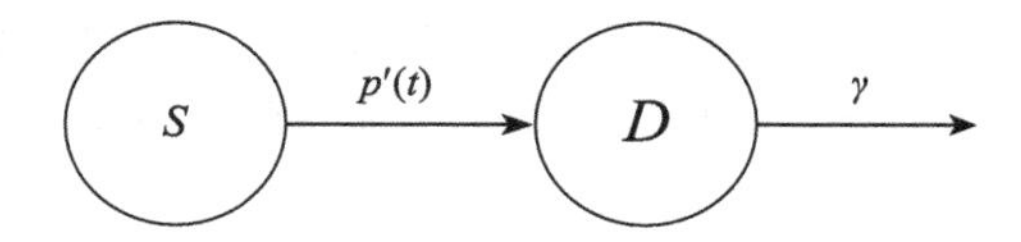

图 6－2 一个在线健康社区中虚假信息传播的示意图

将图 6－2 模型化，可以得如下的数学模型：

$$\begin{cases}\dfrac{\mathrm{d}S}{\mathrm{d}t} = -p'SD \\ \dfrac{\mathrm{d}D}{\mathrm{d}t} = p'SD - \gamma D.\end{cases} \tag{6-2}$$

其中，$p'(t) = p(t-1) \cdot \dfrac{D(t-1)}{\sqrt{N}}$，$N = S(t) + D(t)$，$\gamma > 0$，这个模型简称为SD模型。它通过计算一个在线健康社区中传播一条虚假信息的个体数量的动态变化，刻画了具有群体效应的单条信息的传播机制与传播过程。

6.2 模型的动力学性质分析

本节分析模型（6-2）的动力学性质。首先，计算模型（6-2）的非零平衡点。显然，模型（6-2）只有一个非零平衡点，$x_0 = (\bar{s}, 0)$。这是一个边界平衡点，这里 $\bar{s}$ 是一个常数，且满足 $0 \leqslant \bar{s} \leqslant N$。其次，根据模型（6-2）的表达式，可以计算出 $\widetilde{\boldsymbol{F}} = \begin{pmatrix} p'SD \\ 0 \end{pmatrix}$ 和 $\widetilde{\boldsymbol{V}} = \begin{pmatrix} \gamma D \\ p'SD \end{pmatrix}$。在此基础上，能够分别计算出它们的导数 $\mathrm{D}\widetilde{\boldsymbol{F}} = \begin{pmatrix} p'S & p'D \\ 0 & 0 \end{pmatrix}$ 和 $\mathrm{D}\widetilde{\boldsymbol{V}} = \begin{pmatrix} \gamma & 0 \\ p'S & p'D \end{pmatrix}$。将模型（6-2）的唯一一个边界平衡点 $x_0 = (\bar{s}, 0)$ 分别带入 $\mathrm{D}\widetilde{\boldsymbol{F}}$ 和 $\mathrm{D}\widetilde{\boldsymbol{V}}$，显然有 $\mathrm{D}\widetilde{\boldsymbol{F}}(x_0) = \begin{pmatrix} p'\bar{s} & 0 \\ 0 & 0 \end{pmatrix}$，$\mathrm{D}\widetilde{\boldsymbol{V}}(x_0) = \begin{pmatrix} \gamma & 0 \\ p'\bar{s} & 0 \end{pmatrix}$。根据下一代矩阵原理，已知 $\boldsymbol{F} = \left[\dfrac{\partial \widetilde{\boldsymbol{F}}_i}{\partial x_j}(x_0)\right]$，$\boldsymbol{V} = \left[\dfrac{\partial \widetilde{\boldsymbol{V}}_i}{\partial x_j}(x_0)\right]$，并且 $\boldsymbol{F}$ 和 $\boldsymbol{V}$ 都是一阶矩阵，则可知 $\boldsymbol{F} = p'\bar{s}$，$\boldsymbol{V} = \gamma$。由 $\boldsymbol{F}$ 和 $\boldsymbol{V}$，可以计算出

$$K = \rho(\boldsymbol{FV}^{-1}) = p'\frac{\bar{s}}{\gamma} = p \cdot \left[1 + \frac{D(t-1)}{\sqrt{N}}\right] \cdot \frac{\bar{s}}{\gamma}. \qquad (6-3)$$

这里，$\rho(\boldsymbol{FV}^{-1})$ 表示的是矩阵 $\boldsymbol{F} \cdot \boldsymbol{V}^{-1}$ 的谱半径。K 的现实含义是在时间间隔 $[t-1, t]$ 内，D 中的一个传播个体对于 S 中的易感个体的影响强度，换言之，K 衡量了传递一条信息的传播个体增加的速度。这意味着 K 越大，一条信息扩散的速度也就越快。

通过式（6-3）不难发现，信息的复制速度和扩散速度与传播群体 D 的规模密切相关。由上面的分析可以发现，参数 p，N，$\bar{s}$ 和 γ 都是正的常数，显然一条信息在 t 时刻传播者数量增加的速度是由 $t-1$ 时刻的信息传播者的数量来决定的。如果前一个时刻传播群体的规模越大，那么，下一个时刻这个群体里新增个体的增长速度也就越快。虚假信息在扩散过程中的这一特性与其他传播问题，如传染病传播、计算机蠕虫传播等，有本质的区别。区别的关键在于，信息传播的主体是自然人，一旦具有一致性行为的个体聚集成一个群体后，群体行为或称之为群体压力就会激发、助长个体的盲从行为，迫使个体放弃自我意识和自我判断，从而产生“随大流”现象，人云亦云地传播一条信息。此外，信息差与焦虑、恐惧等心理也使得人们在面对医疗信息与保健资讯时难以保持客观和理性，人们会积极地阅读、转发和评论各类健康资讯，这些都加剧了在线健康社区中虚假信息的涌现与泛滥。

6.3 算例与结果分析

为了更好地理解 $p'(t)$ 和 K 的具体含义，本节给出一个示例。在一个给定的健康社区中，假设 S 中一个易感个体仅看到 D 中一个传播个体发布的一条信息，那么这个易感个体转发这条信息的概率为 0.1，即图 6-1 中的概率 $p = 0.1$。假设令 $N = 100$，即这个在线健康社区中的总人数为

100。此外，令 $\bar{s} = 5$, $\gamma = 0.5$ ，在已知这些变量的值后，就可以计算在不同的传播群体规模下 $p'(t)$ 和 K 的具体数值，计算结果如表 6 – 1 所示。

表 6 – 1　不同传播群体规模下 $p'(t)$ 和 K

D 的规模	参数值				
	p	ω	$p'(t)$	$\bar{s}/\gamma$	R_0
$D(t-1)=1$	0.1	0	0.1	10	1
$D(t-1)=3$	0.1	0.3	0.13	10	1.3
$D(t-1)=10$	0.1	1	0.2	10	2
$D(t-1)=30$	0.1	3	0.4	10	4
$D(t-1)=60$	0.1	6	0.7	10	7

由表 6 – 1 的计算结果不难发现以下事实。首先，群体的存在使得一个新的易感个体传播一条信息的概率变大，因为这个新的易感个体在做出自己的决策行为时会受到群体行为的影响。或者说，传播者群体的存在影响了一个新的个体做出决策，导致这个新个体因为从众心理很容易跟随传播群体的行为而不再坚持自己的判断与行为。对于涉及自身安危的健康类资讯而言，这种从众行为更为明显，伴随着保健意识的提高，人们特别倾向于阅读、转发各种与健康相关的话题。此外，由于各种在线健康社区和各类社交网站的监督与管理力度不够，使得转发一条虚假信息甚至谣言的成本非常低，基本不会受到任何惩戒，因此，人们在转发健康类信息时通常抱着“宁可信其有”的心态。实际上，这种现象是信息级联的一种表现。但是，有别于传统意义上的信息级联，这里易感个体的模仿行为的发生是由于恐慌心理和缺乏足够的健康知识而引起的。表 6 – 1 的结果显示 $t-1$ 时刻传播者的数量 $D(t-1)$ 直接影响了 K ，即 $D(t-1)$ 的大小直接影响了一条信息的复制速度。K 分别取值 2、4、7 时传播者增速示意图如图 6 – 3 所示。

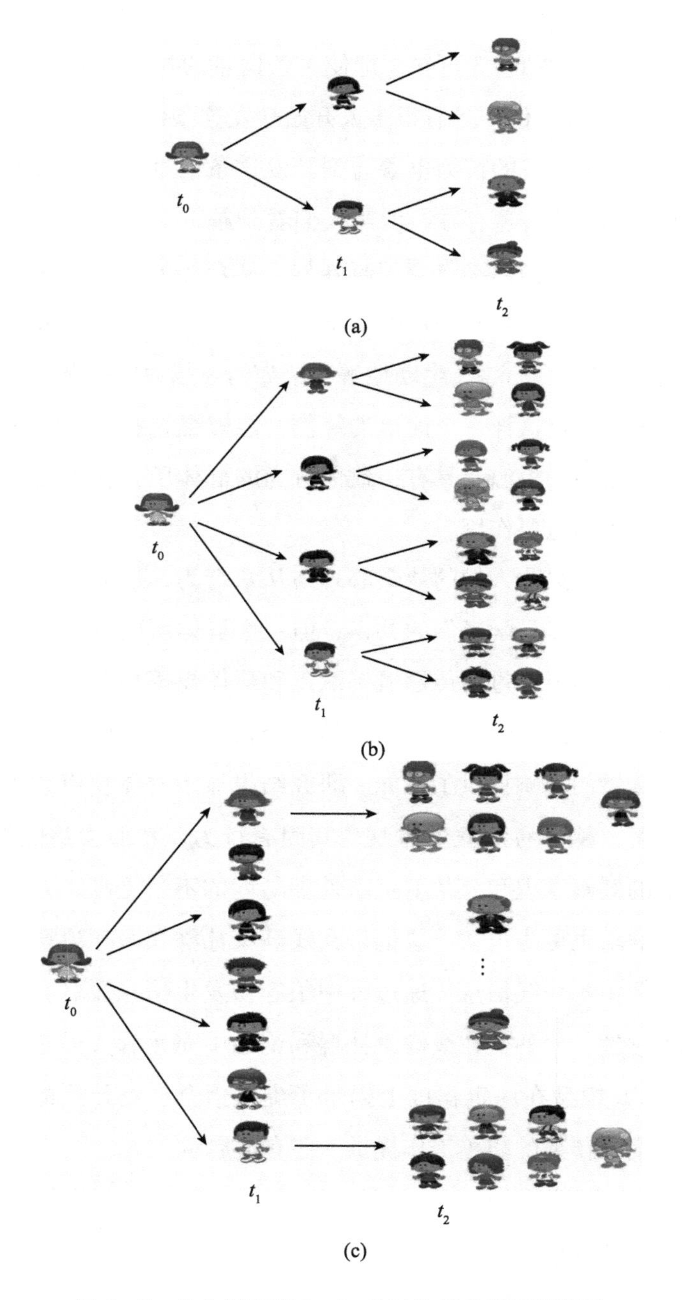

图 6-3 *K* 分别取值 2、4、7 时传播者增速示意图

(a) $K=2$；(b) $K=4$；(c) $K=7$（$t_1=t_0+\Delta t$，$t_2=t_1+\Delta t$）

结合表6－1及图6－3可知，即使一条信息的初始传播概率很小（如本例中的$p = 0.1$），但一旦有很多人开始转发这条信息，那么新的易感个体很容易跟随大多数人的行为也参与到转发这条信息的行为当中。虽然人们的从众心理和行为普遍存在，但当人们看到越多的个人参与到某种行为或某项活动中时，他们的参与意识越强烈，从众行为也越明显。此外，由于医疗与健康信息本身具有一定的敏感性，人们的从众心理和行为也会无意识地放大。最后，图6－3生动地解释了为何K越大，一条信息在人群中的扩散越迅速。通过这样一个简单的算例，能够更直观地理解在线健康社区中虚假信息泛滥的根源及具有一致性行为的群体压力在虚假信息传播与扩散过程中发挥的重要作用。

群体的存在会强化人们的从众心理与从众行为，进而影响一条信息的传播与扩散，这一点是学者们的共识，但一个群体所引发的从众效应的大小却很难量化。本节通过给传播概率赋以和群体规模相关的权重的方式来量化这种效应，是讨论信息级联问题的一个初步尝试，也为深入研究群体压力对信息传播的影响提供了可能。研究结果显示群体规模越大，群体的影响力越显著，越容易诱发个体改变其固有行为，转而去追随群体行为。伴随着人们的健康意识和公共卫生事件参与度的不断提高，人们获取各类健康资讯的需求也更为迫切，这也是在线健康社群和医疗论坛异常火爆的重要原因。但由于在线信息传递过程中很容易发生信息级联，加之健康信息本身的敏感性，使各类在线健康社群和论坛中充斥着大量虚假的健康信息，本节的SD模型在一定程度上揭示了虚假信息广泛传播的原因，希望能够为虚假信息传播的防控工作提供一些有益启示。

6.4 本章小结

互联网技术对人们日常生活的影响与改变除了体现在电子商务、网络舆论、虚拟社交等领域，对在线医疗的影响也值得探讨与深思。互联网中各种健康社群、健康论坛、自媒体公众号影响着人们的就医选择与决策。本章以健康社区中的虚假信息传播为例，建立了一个反映单条信息传播规律的 SD 模型，重点讨论了具有一致性行为的个体形成的群体对虚假信息传播的影响。模型的动力学性质显示群体行为影响了个体传播一条信息的概率，并且这个传播概率与群体规模正相关。此外，这个传播概率直接决定了信息传播者的增长速度。上述结论说明，在一条虚假信息的传播过程中，具有一致性行为的群体规模越大，这条虚假信息被接受、被传播的概率就越大，这直接导致了新增传播者数量的激增。简言之，群体压力下人们非理性的从众是健康社区中虚假医疗信息涌现和泛滥的原因之一。

第七章　数字经济时代的网络暴力

网络暴力并非新生事物，最早常见于娱乐圈，后逐渐成为文娱产业中的一种怪象。由于缺乏对网络暴力的重视与监管，曾经只存在于特定圈层中的网络暴力如今广泛存在于公共事件、社会热点事件及人们的社交生活中。

2022 年 12 月，上海某学院一名大三学生以 500 元预算从上海乘坐公交车前往北京引发舆论热议。“乘公交从上海到北京”话题登上微博热搜后，该同学被指责与嘲讽为“不像大学生”“骗子”“像小混混”等。因意外遭遇网络暴力，该学生回到学校需要接受心理疏导。某网友创业失败后，因在直播平台发布开拖拉机进入西藏的视频而走红网络，但随之迎接他的却是一场噩梦。各大社交网络平台上的网络暴力，诸如“粉发女孩”“错换人生”“网红抽脂感染”“不愿意回家”等不胜枚举。大众舆论领域网络暴力思维和网络暴力行为的盛行，表明社交网络中的网络暴力已趋于常态化。

网络暴力的危害性不言而喻，在微观层面上，网络暴力受害者表现出高度的焦虑、抑郁和压力，同时也表现出明显的自杀倾向。在宏观层面上，网络暴力思维盛行会激化社会矛盾，引发人们不必要的情感割裂，甚至更严重的社会问题。

在数字经济背景下，诱发网络暴力的因素更为复杂，探讨数字经济时代网络暴力思维和行为盛行的根本原因非常必要。本章围绕引发网络暴力的影响因素展开研究，重点讨论数字经济时代舆论争议中的刻意引导、负面评论与负面评论热度等因素在网络暴力形成过程中的作用。实证分析部分建立了对数线性回归模型、多元线性回归模型和二值因变量选择模型，利用微博平台数据分析了微博大V的影响力、负面评论与其热度间的关系及负面评论热度对于网络暴力发生的影响。期望本章研究能够引发公共管理部门、社交网络平台和普通网民对网络暴力思维与行为的关注和重视，期望实证研究结果能够为管理部门和社交网络平台治理网络暴力提供理论参考。

7.1 多维视角的网络暴力归因分析

网络暴力在各国均有发生，Facebook、Twitter 等国外主流社交平台上的网络暴力并不鲜见，就学术研究而言，国外研究侧重于讨论网络暴力行为对特殊人群，如青少年及女性群体，造成的影响与伤害，而国内研究涉及的内容则更多元。由于文化背景、舆论关注点和社交网络使用习惯等诸多差异，国内外关于网络暴力的研究关注点有较大差别，本书着重梳理了国内针对网络暴力的相关研究。

早在2011年，Turan 等[232]曾指出：网络霸凌是一种新的暴力形式，它是时代发展的产物。Web 时代，社交网络的流行和移动设备的普及使人们在日常生活中习惯于“addiction”（沉迷）或高度依赖社交网络。[233]人们对于社交网络的依赖与公共事件中网络暴力的常态化使得网络暴力研究备受关注，但不同学科的研究视角与研究结论不尽相同。

闫倩倩[234]从传播学视角出发，认为传播学中的“选择性接触理论”使人们形成群体认同，而网络媒介助推了这种认同，看似多样化的信息最终在网络的互动下形成了一种“回音壁”，网络暴力便在这种情况下被强化和放大。此外，传播媒介的特点也被认为是导致网络暴力的主要因素，比如网络的匿名性。[235] 陈婷[236] 认为自媒体监管不足及公众负面心理入侵自媒体是网络暴力的成因。田维钢等[237] 认为部分媒体专业素质欠缺，网民的责任意识不强和政府对媒体管理不完善是导致网络暴力发生的直接原因。

个体心理与群体心理也是解析网络暴力成因的重要视角。其中，个体心理主要包括个体的情绪宣泄[238]、道德审判与道德焦虑等。张海滨[239] 认为网络暴力是网络讨伐的负面效应累积。网络讨伐的形成需要两个必要条件：道德事件的生动性和敏感性。网络讨伐的形成分两个阶段：第一阶段是潜在舆论形成的过程，第二阶段是舆论由“潜”向显转化的过程。刘绩宏等[240] 采用结构方程模型对 821 位网民的心理和行为数据进行了研究，发现契合网民道德焦虑并能激发网民多元、复合道德情绪的网络谣言能够促使网民实施网络暴力。侯玉波等[241] 认为网民参与网络暴力的动机是道德审判和宣泄式攻击。在群体心理研究方面，杨帆[242] 以“铜须门事件”为例，提出网络传播中的群体心理是网络暴力产生的主要原因。而王满荣[243] 认为网络暴力是网络自身的特性、网民的结构与文化层次、群体极化和网络道德及法律缺失等众多因素“合力”的结果。

邓榕[244] 从文化的视角进行研究，认为网络暴力是一种虚拟世界的非理性亚文化，是多元文化相互交融、冲突的结果。李媛[245] 认为客观上网络的匿名性，以及主观上网民对“自由世界”和“匿名专制”的误读与滥用导致了网络暴力，而本质上网络暴力是现实社会道德失范现象的折射与放大。从网络科学的视角，Liu 等[246] 在无标度网络上研究了网络暴力的传播特征，发现网络结构和网络用户的受教育程度与网络暴力的发生相关。Huang 等[247] 构建了基于主体的复杂网络模型研究网络暴力形成前的舆论逆转，结果显示误导性和有害信息的传播容易对公众舆论造成严重影响，是诱发网络暴力的潜在因素。

7.2　数字经济中舆论争议的刻意引导

数字经济时代，数据的价值受到资本与商家的追逐和热捧。在此背景下，各大社交网络平台为了获取用户，平台用户为了获取数据流量经常会刻意地制造舆论争议、观点对立或谣言。在信息不对称的情况下，争议舆论很可能在讨论热度、情绪、从众等因素的交互作用下最终演变为网络暴力。

7.2.1　舆论争议

无论是对社交网络平台而言，还是对社交网络中的用户来说，获取数据流量和关注度的最好方法是制造争议话题，进而引发舆论争议或对立。虽然在开放的舆论环境中，任何话题都会产生正面和负面的舆论争议，但有些话题却带有天然的争议基因。例如“地域黑”，因历史、文化及刻意的舆论引导等多方面原因，网络舆论对某些地域有着刻板印象，故在涉及这些地域或当地人的相关话题时，舆论争议就会被放大。再例如“性别对立”，在涉及女性话题或性别问题时，舆论对立也更为剧烈。这类带有争议基因的话题必然会导致更为激烈的舆论争议，而这种舆论争议与对立为网络暴力的滋生提供了天然温床。本书实证分析部分筛选了微博平台上具有代表性的争议话题，选取了#性别对立话题为什么吸引眼球#和“某运动员 2021 年 5 月 2 日微博”为实证研究对象。

7.2.2　刻意引导

梳理社交网络上典型的网络暴力事件可以发现，曾经网络暴力囿于娱乐圈。后随着娱乐产业的发展，娱乐圈催生了追星的“饭圈文化”，因网络暴力可引发诸多连锁效应，其渐渐发展成为饭圈文化的常态。娱乐圈中网络暴力的典型特征是，争议舆论发酵初期存在人为地刻意引导，某些自媒体通过诱导网友和刻意煽动负面舆论以获取巨大的流量热度。饭圈文化的网络暴力几乎都存在刻意引导的痕迹，制造争议话题与舆论对立，背后刻意的煽动者可能是明星的竞争对手、伪粉，或是资本力量。数字经济时代，各大社交网络平台纷纷采用数据驱动机制，利益当前，热度为先，娱乐圈中出于各种目的的刻意引导被复制到社会事件的舆论场中。

7.2.3 微博大 V 的影响力分析

一般而言，能够利用争议话题引导舆论对立的通常都是社交网络中具有一定影响力的用户，例如，微博平台上的大 V 用户。微博上加 V 认证的身份标识最初是平台为了吸引用户及提升用户黏性而推出的，但这种激励机制同时也赋予了那些大 V 用户巨大的商业价值和舆论影响力。倘若微博大 V 被商业利益裹挟，则很难在舆论争议中保持客观中立，进而会影响舆论的走向。

本节选取了微博上一个带有天然争议属性的话题，即#性别对立话题为什么吸引眼球#，以此来分析微博大 V 的舆论影响力。数据采集借助爬虫软件 GooSeeker，共采集了微博上参与此话题讨论的网友微博身份认证（*level*）、性别（*gender*）、粉丝数量（*fans*）和每条帖子收到的评论数量（*comments*）与点赞数量（*liked*），经过数据整理和清洗，保留了有效样本 71 个。

由于一个原创微博帖子收到的评论数量和点赞数量都可视为这个帖子的影响力，因此将一个帖子的影响力定义为其评论数量和点赞数量之和，即影响力 $effect = comments + liked$。将这个影响力作为被解释变量，身份认证、性别和粉丝数量作为解释变量，建立如下的多元线性回归模型：

$$effect = \beta_0 + \beta_1 \cdot level + \beta_2 \cdot gender + \beta_3 \cdot fans + u. \qquad (7-1)$$

这里，解释变量 *level* 和 *gender* 被定义为虚拟变量，其取值分别为：

$level = \begin{cases} 1 & \text{大 V 用户} \\ 0 & \text{一般用户} \end{cases}$ 和 $gender = \begin{cases} 1 & \text{男性} \\ 0 & \text{女性} \end{cases}$。而解释变量 *fans* 为连续变量，其取值为一个网络用户的真实粉丝数量，u 为模型的随机误差项。

利用 Stata 软件对模型（7 - 1）进行求解，其回归结果如表 7 - 1 所示。

表 7 - 1 微博大 V 的影响力分析

Linear regression

effect	*Coef.*	*St. Err.*	*t* - value	*p* - value	[95% Conf Interval]		Sig
level	9.306	4.137	2.25	0.028	1.048	17.564	**
gender	-8.982	7.480	-1.20	0.234	-23.913	5.949	
fans	1.02e-06	7.76e-06	1.32	0.191	-5.24e-06	2.57e-06	
Constant	8.451	5.433	1.56	0.125	-2.393	19.295	
Mean dependent var	17.099			SD dependent var	27.924		
R - squared	0.118			Number of obs	71		
F - test	3.700			*Prob* > *F*	0.016		
Akaike crit.（AIC）	672.365			Bayesian crit.（BIC）	681.416		

注：1. *** 表示 $p<0.01$，** 表示 $p<0.05$，* 表示 $p<0.1$。

2. Linear regression，线性回归；*effect*，影响力；*level*，身份认证；*gender*，性别；*fans*，粉丝数量；*Constant*，常数项；*Coef.*，系数；*St. Err.*，标准误；t - value，t 值；p - value，p 值；[95% Conf Interval]，95%置信区间；Sig，显著性水平；Mean dependent var，因变量的均值；SD dependent var，因变量的标准差；R - squared，R^2；F - test，F 检验；Number of obs，样本量；*Prob* > F，F 统计量的 p 值；Akaike crit.，AIC 准则；Bayesian crit.，BIC 准则。

由表 7 - 1 可知，在 5% 的显著性水平下，微博大 V 发帖的影响力是显著的，且其影响力是普通用户的 9 倍之多。此外，微博平台为了吸引用户，针对机构和个人用户共设置了三种类型的 V 字标识，利用上述数据进行多元回归分析时可以发现，蓝 V、黄 V 和红 V 之间的组间差别并不显著。换言之，只要是微博大 V，无论是哪种形式的大 V，都会对微博舆论有显著的影响力和引导力。

微博作为国内最有影响力的社交网络平台之一，其开放性成功吸引了大量用户。微博上不仅有各领域的专家学者、影视明星，同时也聚集着大量的普通用户。微博平台勾勒出的图景是：每个人都可以畅所欲言，每个人都有发声渠道，但由于不同用户发布信息的影响力差异巨大，加之平台以数据为导向实施热度排序，使得普通用户的声音几乎淹没于信息的汪洋大海。在经济学领域，有著名的“二八定律”，其阐述了社会上的大部分财富掌握在少数人手中。而数字经济时代，网络舆论也同样掌握在少数人手中，网络舆论实际上是被引导和被操控的结果。以微博为例，虽然微博平台上每天都有庞大的日活跃用户，但微博舆论的话语权却掌控在少数的微博大V手中，他们对于争议舆论的导向作用是巨大的。

在本例中，由于参与#性别对立话题为什么吸引眼球#讨论的微博大V发言都比较温和，所以此争议话题讨论并未演化为网络暴力，而仅仅是一个热议话题，但一旦微博大V在舆论争议中存在刻意的负面引导，其巨大影响力很可能使争议舆论最终演变为网络暴力。从舆论传播角度来说，微博大V发布的言论不仅能够有效地带动话题关注度，吸引更多的围观者，同时他们也是舆情传播领域所谓的“意见领袖”。一般而言，粉丝都会在情感上与其意见领袖保持同一立场，虽然大多时候这种追随与情感支持是盲目且非理性的。因此，在舆论争议中有影响力用户的刻意负面引导是引发网络暴力的原因之一。

7.3 负面评论与羊群效应

社交网络上的负面评论，或是较为温和的嘲讽，或是无端的谴责，甚至是恶意的侮辱与咒骂。一部分负面评论源于用户为了吸引眼球、获取流量故意为之，也有一部分负面评论源于网民负面情绪的宣泄。例如，在道德焦虑、道德推理低理性和公共事件中信息不对称的情况下，人们的焦虑、恐慌与愤怒等因素都能够使网民形成对相关主体的消极道德审判。这些恣意的情感宣泄或道德判断如果孤立存在，那么很快会淹没于社交网络的信息洪流之中，但如果这些负面评论引发了羊群效应，就会使这些片面的、主观的情感宣泄与道德判断异化为对相关主体的网络暴力。

数字经济时代，各类社交网络平台为了增加用户黏性和获取用户流量，纷纷推出评论、转发、点赞等功能与按话题热度进行排序的推荐算法，这种话题干预机制使人们在信息不透明或信息不对称的情况下盲目从众，而网络暴力的发生正是大多数网民对于少数个体负面情绪宣泄盲目从众的后果。

7.4　负面评论热度与网络暴力的实证分析

对于社交网络上的任意一个争议话题来说，相较于正面评论，负面评论本身更容易吸引眼球、获取关注度，这也是社交网络用户会刻意发布或引导负面舆论来获取数据流量的根本原因。2015 年，Hornik 等[212]学者就曾提出相较于好消息，坏消息传播的速度更快，传播的范围更广。为了研究负面评论与网络暴力之间的因果关系，本节以某运动员 2021 年 5 月 2 日微博所引发的网络暴力为例，分别对负面评论及其热度、负面评论热度与网络暴力间的关系进行实证分析。此外，本部分也讨论了微博用户的个体差异，如性别、教育程度、年龄结构与其发布负面评论之间的关系。

7.4.1　案例选择与数据收集

本章以某运动员在 2021 年 5 月 2 日发布的一条微博为研究样本。这是她停止更新其个人微博前发布的最后一条微博，当时其微博评论尚处于开放状态。该微博的内容是母亲节前夕转发的一条广告信息，虽然博文充满温情，但评论区却充斥着各种嘲讽，其中不乏谩骂与诅咒。

数据收集利用 GooSeeker 软件，采集了其关闭评论前的所有评论、每条评论的回复数和点赞数，以及发布评论的网友的个人信息。其中，参与评论的网友的个人信息包括每位博主的粉丝数、关注人数、微博发帖量、微博等级、性别、年龄和教育程度。由于年龄和教育程度在注册微博时是选填项，所以这部分数据并不完整，有较多缺失。另外，由于微博设置与统计问题，实际采集到的原始数据与页面显示的数据略有差异。在对原始数据进行数据清洗和处理时，剔除了一些广告、无语义评论及多人恶意重复评论等无效数据，最终保留有效样本数据 151 条，其中包含完整的教育程度（本科学历）和年龄的样本数据 67 条。

7.4.2　负面评论与其热度间的关系

虽然微博平台计算网友评论热度的算法并没有公开，但其算法主要涉及的变量包括一条评论获得的点赞数量及其带来二次评论数量，因微博上这两者的量纲差别较大，同时考虑到人们使用社交网络的习惯性行为，本章选择将一条评论获得的点赞数量作为衡量其热度的指标。根据收集到的样本数据，本章首先讨论一条微博评论收获的点赞数量与这条评论的感情色彩间的关系，以此来分析相较于正面评论，负面评论所引发的热度。在此过程中，评论主体的个体差异，包括性别、教育程度、微博粉丝数量、年龄对于一条微博评论收获点赞数量的影响，也将一并进行讨论。

由于样本中的年龄数据较少，本节最后将单独加以讨论。此处，先考虑将一条评论获得的点赞数量的对数作为被解释变量（ln*liked*），将发表评论用户的性别（*gender*）、教育程度（*education*）、粉丝数量（*fans*）、评论态度（*negative*）及评论引发的二次评论数量（*comments*）作为解释变量，建立如下的多元对数线性回归模型：

$$\ln liked = \beta_0 + \beta_1 \cdot gender + \beta_2 \cdot education + \beta_3 \cdot fans + \beta_4 \cdot negative + \beta_5 \cdot comments + u. \quad (7-2)$$

模型（7－2）中，由于样本中部分评论的点赞数量（*liked*）非常大，与其他连续变量的量纲不同，故选取点赞数量的自然对数作为被解释变量，建立上述对数线性回归模型。解释变量的类型分为连续变量和虚拟变量两类，其中*fans*和*comments*为连续变量，其取值即为收集到的数据值，而 gender、negative 和 education 均为虚拟变量，其定义分别为：$gender = \begin{cases} 1 & \text{男性} \\ 0 & \text{女性} \end{cases}$，$negative = \begin{cases} 1 & \text{负面} \\ 0 & \text{正面} \end{cases}$和$education = \begin{cases} 1 & \text{本科} \\ 0 & \text{非本科} \end{cases}$。

模型中的 u 为该对数线性回归模型的随机误差项。利用 Stata 软件对模型（7－2）进行求解，结果如表 7－2 所示。

表 7－2　负面评论与其点赞数量（热度）间的关系

Linear regression

ln*liked*	*Coef.*	*St. Err.*	*t*－value	*p*－value	［95% Conf Interval］		Sig
gender	－0.225	0.287	－0.79	0.433	－0.793	0.342	
education	－0.721	0.325	－2.22	0.028	－1.363	－0.08	**
fans	2.17e－06	0.00001	0.22	0.829	－1.7e－06	2.2e－06	
negative	1.998	0.274	7.28	0.000	1.456	2.541	***
comments	0.0804	0.014	5.56	0.000	0.052	0.109	***
Constant	2.632	0.252	10.46	0.000	2.135	3.13	***

Mean dependent var	4.613	SD dependent var	2.448
R－squared	0.549	Number of obs	151
F－test	32.045	*Prob* > *F*	0.000
Akaike crit.（AIC）	591.556	Bayesian crit.（BIC）	612.677

注：1. *** 表示 $p<0.01$，** 表示 $p<0.05$，* 表示 $p<0.1$。

2. Linear regression，线性回归；*liked*，点赞数量；*gender*，性别；*education*，教育程度；*fans*，粉丝数量；*negative*，负面评论；*comments*，二次评论数量；*Constant*，常数项；*Coef.*，系数；*St. Err.*，标准误；*t*－value，*t* 值；*p*－value，*p* 值；［95% Conf Interval］，95%置信区间；Sig，显著性水平；Mean dependent var，因变量的均值；SD dependent var，因变量的标准差；*R*－squared，R^2；*F*－test，*F* 检验；Number of obs，样本量；*Prob* > *F*，*F* 统计量的 *p* 值；Akaike crit.，AIC 准则；Bayesian crit.，BIC 准则。

由表7－2可知，微博用户的性别、粉丝数量与其评论内容的点赞数量不显著相关，但评论的感情色彩与网民的教育水平对一条评论的点赞数量有显著影响。在1%的显著性水平下，相交于一条正面评论，一条负面评论可以增加近200%个点赞，这条评论下面的互动评论每一条可增加8%个点赞。在5%的显著性水平下，没有本科学历的网络用户发布的评论相对于拥有本科学历的网民发布的评论会吸引72%的点赞数量。

进一步地，将网络用户发表的负面评论所蕴含的情感进行更为详细的划分，由于网友对该运动员在比赛中表现的负面情绪又可以区分为嘲讽与谩骂，所以下面分别引入两个虚拟变量 *abuse* 和 *sarcasm* 来刻画这两种不同的负面情感态度，据此建立如下新的对数线性回归模型：

$$\ln liked = \beta_0 + \beta_1 \cdot gender + \beta_2 \cdot education + \beta_3 \cdot fans + \beta_4 \cdot abuse + \beta_5 \cdot sarcasm + \beta_6 \cdot comments + u. \quad (7-3)$$

解释变量 *abuse* 和 *sarcasm* 的定义分别为：$abuse = \begin{cases} 1 & 谩骂 \\ 0 & 否 \end{cases}$ 和 $sarcasm = \begin{cases} 1 & 嘲讽 \\ 0 & 否 \end{cases}$。其余的解释变量与被解释变量的含义和取值均与模型（7－2）相同。利用Stata软件对模型（7－3）进行求解，结果如表7－3所示。

表7－3　嘲讽和谩骂评论与其点赞数量（热度）间的关系

Linear regression

ln*liked*	*Coef.*	*St. Err.*	*t* – value	*p* – value	[95% Conf Interval]		Sig
gender	−0.212	0.285	−0.74	0.459	−0.776	0.352	
education	−0.758	0.324	−2.34	0.021	−1.398	−0.118	**
fans	3.75e−06	0.00001	0.35	0.726	1.7e−06	2.5e−06	
abuse	2.268	0.361	6.28	0.000	1.554	2.981	***
sarcasm	1.893	0.293	6.47	0.000	1.314	2.471	***
comments	0.0792	0.014	5.82	0.000	0.052	0.106	***
Constant	2.636	0.253	10.43	0.000	2.137	3.136	***

续表

Mean dependent var	4.613	SD dependent var	2.448
R – squared	0.553	Number of obs	151
F – test	29.398	*Prob* > *F*	0.000
Akaike crit. (AIC)	592.290	Bayesian crit. (BIC)	616.428

注：1. *** 表示 $p<0.01$，** 表示 $p<0.05$，* 表示 $p<0.1$。

2. Linear regression，线性回归；*liked*，点赞数量；*gender*，性别；*education*，教育程度；*fans*，粉丝数量；*abuse*，谩骂；*sarcasm*，嘲讽；*comments*，二次评论数量；*Constant*，常数项；*Coef.*，系数；*St. Err.*，标准误；*t* – value，*t* 值；*p* – value，*p* 值；[95% Conf Interval]，95%置信区间；Sig，显著性水平；Mean dependent var，因变量的均值；SD dependent var，因变量的标准差；*R* – squared，R^2；*F* – test，*F* 检验；Number of obs，样本量；*Prob* > *F*，*F* 统计量的 *p* 值；Akaike crit.，AIC 准则；Bayesian crit.，BIC 准则。

由表 7 – 3 可知，网民的性别、粉丝数量对于其评论内容的点赞数量仍然无显著影响，而在 1% 的显著性水平下，一条带有谩骂的评论将增加近 227% 个点赞，一条嘲讽评论会增加 189% 个点赞，这些负面评论的互动评论每一条可增加 7.9% 的点赞数量。在 5% 的显著性水平下，没有本科学历的网民发布的评论相对于拥有本科学历的网民发布的评论会吸引 75.8% 个点赞。

本节最后将借助少量样本数据讨论微博用户族群的年龄结构与其发表负面评论间的关系。样本中带有年龄的数据共有 67 条，将这些数据依据年龄划分为三个组别，分别为“90 后”“00 后”和基准组，基准组为“80 后”。此外，将负面评论作为被解释变量，性别、年龄和点赞数量作为解释变量进行回归分析，结果如表 7 – 4 所示。

表 7 – 4　年龄与发表负面评论间的关系

Linear regression

negative	*Coef.*	*St. Err.*	*t* – value	*p* – value	[95% Conf Interval]		Sig
gender	–0.056	0.066	–0.84	0.402	–0.188	0.076	
group90	0.429	0.209	2.06	0.044	0.012	0.848	**
group00	0.397	0.214	1.85	0.069	–0.031	0.824	*

续表

negative	*Coef.*	*St. Err.*	*t* – value	*p* – value	[95% Conf Interval]		Sig
ln*liked*	0.05	0.018	2.83	0.006	0.015	0.085	***
Constant	0.276	0.245	1.13	0.264	–0.213	0.764	

Mean dependent var	0.866	SD dependent var	0.344
R – squared	0.173	Number of obs	67
F – test	2.912	*Prob* > *F*	0.028
Akaike crit. (AIC)	43.277	Bayesian crit. (BIC)	54.301

注：1. *** 表示 $p<0.01$，** 表示 $p<0.05$，* 表示 $p<0.1$。

2. Linear regression，线性回归；*negative*，负面评论；*gender*，性别；*group*90，“90 后”组；*group*00，“00 后”组；*liked*，点赞数量；*Constant*，常数项；*Coef.*，系数；*St. Err.*，标准误；*t* – value，*t* 值；*p* – value，*p* 值；［95% Conf Interval］，95% 置信区间；Sig，显著性水平；Mean dependent var，因变量的均值；SD dependent var，因变量的标准差；*R* – squared，R^2；*F* – test，*F* 检验；Number of obs，样本量；*Prob* > *F*，*F* 统计量的 *p* 值；Akaike crit.，AIC 准则；Bayesian crit.，BIC 准则。

由表 7 – 4 可知，微博上发表负面评论的用户在年龄结构上并没有呈现出明显的倾向性，换言之，“80 后”、“90 后” 和 “00 后” 等不同年龄阶段的网民在微博上发表负面评论并没有显著差异。

7.4.3 负面评论热度与网络暴力

如前所述，负面评论在获取足够热度之后可能会异化为网络暴力，实证研究的最后将借助全部 151 条样本数据来探讨性别、教育程度、负面评论的点赞数量、二次评论数量与网络暴力之间的因果关系。与前述的对数线性回归模型不同，本节将网络暴力定义为一个二值因变量，记为 *Cyber Violence*。当值为 1 时，表示网络暴力发生；当值为 0 时，表示网络暴力未发生。据此建立如下 Logit 回归模型：

$$Cyber\ Violence = \beta_0 + \beta_1 \cdot gender + \beta_2 \cdot education + \beta_3 \cdot \ln liked + \beta_4 \cdot comments + u. \quad (7-4)$$

模型（7 – 4）中的解释变量 *gender*、*education* 和 *comments* 的定义和取

值与模型（7 –2）相同，解释变量 ln*liked* 为负面评论的点赞数量，*u* 为模型的随机误差项。利用 Stata 软件进行求解，Logit 回归的结果如表 7 – 5 所示。

表 7 –5 网络暴力的 Logit 回归分析

Logistic regression

Cyber Violence	*Odds.*	*St. Err.*	*t* – value	*p* – value	[95% Conf Interval]		Sig
gender	2.013	1.142	1.23	0.218	0.662	6.117	
education	2.334	1.849	1.07	0.285	0.494	11.025	
ln*liked*	3.55	1.16	3.88	0.000	1.871	6.733	***
comments	0.665	0.086	–3.17	0.002	0.517	0.856	***
Constant	0.071	0.070	–2.68	0.007	0.010	0.492	***
Mean dependent var	0.848		SD dependent var		0.361		
Pseudo *R* – squared	0.339		Number of obs		151		
Chi – square	43.698		*Prob* > *chi*2		0.000		
Akaike crit. （AIC）	95.168		Bayesian crit. （BIC）		110.254		

注：1. * ** 表示 $p<0.01$，** 表示 $p<0.05$，* 表示 $p<0.1$。

2. Logistic regression，Logit 回归；*Cyber Violence*，网络暴力；*gender*，性别；*education*，教育程度；*liked*，点赞数量；*comments*，二次评论数量；*Constant*，常数项；*Odds.*，风险比；*St. Err.*，标准误；*t* – value，*t* 值；*p* – value，*p* 值；[95% Conf Interval]，95%置信区间；Sig，显著性水平；Mean dependent var，因变量的均值；SD dependent var，因变量的标准差；Pseudo *R* – squared，准 R^2；*Chi* – square，卡方；Number of obs，样本量；*Prob* > *Chi*2，卡方检验的 *p* 值；Akaike crit.，AIC 准则；Bayesian crit.，*BIC* 准则。

由表 7 –5 可知，负面评论的点赞数量，即负面评论的热度是引发网络暴力的主要原因，一条负面评论的点赞数量每增加一个百分点，网络暴力的发生将上升 3.55 倍。同时，二次评论对于网络暴力的发生也有显著影响，而性别、教育程度对于网络暴力的影响则不显著。本模型的准 R^2 是 0.339，说明模型的拟合效果较好，可以信赖。此外，由于模型（7 –4）是二值回归模型，可以利用此回归结果进行预测，从而验证模型的分类正确率，结果显示本模型的分类正确率为 88.08%。

综合以上的实证分析可以发现，在数字经济背景下，社交网络平台纷纷利用各种数据算法对用户及其发帖进行热度排序，这种唯数据、唯流量的导向机制使得资本、商家和别有用心的社交网络用户为了获取数据流量常常刻意发表负面评论。当一条负面评论获取了足够的关注度和热度后，算法机制会优先将其推荐到评论区的显著位置，一旦这条负面评论在信息不对称的情况下引发舆论的羊群效应，羊群效应会迅速裹挟不明真相的围观者对相关主体实施网络暴力。由此可见，相较于社交网络实名制、网民的情感宣泄和道德审判，唯数据流量的推荐算法与网络数据驱动机制是引发网络暴力的主要原因。

7.5 研究结论与局限

结合定性分析与基于微博数据的实证研究，本书认为现今舆论争议中网络暴力思维与行为盛行的主要原因是数字经济背景下社交网络平台的算法机制，各种唯利的热度排序助推和加剧了网络暴力的形成。实证研究结果显示，争议舆论中的负面评论更容易收获舆论热度，在 1% 的显著性水平下，一条谩骂评论的点赞量会增加近 227%，一条嘲讽评论的点赞量会增加 189%，这些负面评论的每一条互动评论的点赞量会增加 7.9%。而微博上一条负面评论的点赞量每增加一个百分点，网络暴力的发生将上升 3.55 倍。此外，社交网络上有影响力的用户，如微博大 V 的影响力是普通网民的 9 倍之多，其言论可以直接诱导网络暴力。最后，微博用户的个体微观差异，如性别、教育程度和年龄对网络暴力的影响并不显著。换言之，社交网络平台基于算法的热度排序使不同性别、不同教育背景、不同年龄层的网民在面对群体压力时都会丧失理性和判断力，都会在社交平台算法的引导下成为人云亦云的“乌合之众”。

本章的实证分析存在一些不足。在案例选取方面，由于微博平台加大了对网络暴力的治理，封禁了很多典型的网络暴力话题，因此案例的可选性范围较小。在解释变量选择方面，当以某运动员 2021 年 5 月 2 日微博为案例进行实证分析时，因微博注销了很多参与该网络暴力的大 V 账号，所以该案例中参与评论的都是普通网友，故在进行回归分析时没有将微博大 V 身份作为一个解释变量。在数据收集方面，由于微博平台开放功能的限制，收集的数据类型较为有限。此外，微博平台在数据统计方面使用的算法并不明朗以及对于违规账号的处理，使得收集到的样本数据与网页上显示的数据存在一定差异。最后，本章的实证分析仅依托微博数据，没有涉及更多的社交网络平台或传播媒介数据。

没有一个人是一座孤岛，如果社交网络中网络暴力思维和网络暴力行为盛行，或许今天遭遇网络暴力的是与我们毫不相干的陌生人，但明天深受其害的有可能是我们自己，期望本书能够引发管理部门、社交网络平台和广大网民对于网络暴力的重视。此外，针对网络暴力的治理，既往研究对社交网络的匿名性与互联网法治建设等方面关注较多，社交网络平台也纷纷采取各种措施治理网络暴力，如微博采取了禁言和注销随意侮辱谩骂他人的账号、封禁网络暴力话题、上线新的投诉功能等措施。但本章的实证研究认为，在这些治理工作的基础上，如何将舆论争议与经济行为剥离，如何不只唯算法论、唯流量论更为迫切。目前，国家互联网信息办公室也开始重拳治理网络有害信息和不良行为。2021 年 12 月 31 日，国家互联网信息办公室等四部门发布《互联网信息服务算法推荐管理规定》其治理导向与本书结论不谋而合。期望本书的实证研究能够为相应政策的制定提供些许理论依据或参考价值。

7.6 本章小结

为了揭示数字经济时代网络暴力的成因，本章利用计量分析方法重点讨论了刻意引导、社交网络上的负面评论、负面评论热度与网络暴力间的关系。实证研究揭示了数字经济时代网络暴力盛行的根本原因，据此提出网络暴力的治理应将舆论争议与经济行为剥离，社交平台应摒弃唯算法论、唯流量论的错误导向。

本书虽然在社交网络上的传播计算与网络空间治理方面取得了一些阶段性的研究成果，但在对所述研究问题展开分析和讨论的过程中运用了大量的数学模型，而要求模型清晰性的代价是对复杂的传播过程进行了一些必要简化，如何将现实生活中的传播情境真实还原是未来研究工作中值得深入思考的问题。

第八章　网络空间治理

2019 年 2 月，国内各大社交网络平台被“疟原虫治愈癌症”的相关信息刷屏，引发了正在欢度春节的人们一轮又一轮的热议。疟原虫治愈癌症的相关信息传播的源头是自媒体。由于信息内容非常吸引眼球，并且触及了万千患癌家庭的敏感神经，所以相关话题迅速发酵。“腾讯新闻”“今日头条”“搜狐新闻”等主流媒体纷纷进行跟踪报道。尽管“菠萝因子”“丁香医生”“赛先生”等自媒体和“中国经营报”“澎湃新闻”等主流媒体相继发布了辟谣信息，但该话题的讨论度却持续高涨，临床试验的咨询处门庭若市，好不热闹。然而，“疟原虫治愈癌症”的真实性、有效性与可行性最终都没有定论，其大肆传播在给无数患癌家庭带去无限希望的同时也带去了更多的失望、折磨与痛苦。这种易于触发大众敏感神经、真伪难辨的信息大肆传播，其真实原因发人深省，引人深思。

8.1　网络空间治理策略

8.1.1　群体行为的理性引导

前述章节研究发现，群体行为在社交网络上的传播问题中扮演着重要角色。例如，在竞争的舆论环境中，群体压力的存在会导致舆论竞争的结果呈现不稳定性。具体来说，虽然在传播现象中普遍存在负面偏差，即消极舆论在竞争传播中会抢夺到绝大多数的用户资源，取得舆论竞争的“胜利”，但这种胜利是暂时的，并不能维持下去，反之，对于积极舆论来说也是一样。从系统论的视角来看，在大众舆论的竞争性扩散过程中，群体的存在及群体所带来的力量（或称为压力）使竞争系统处于一种不稳定的平衡，系统短暂的平衡状态随时可能被打破。这启示我们在治理网络舆论时，一种有效的策略或治理思路是积极引导理性的群体行为。

因为群体的存在，单独个体很容易被暗示或传染。当群体理性缺失时，绝大多数个体会变得盲从，这种后果是不堪设想的。但是，群体行为在一定程度上也是可测、可控和可变的。当群体行为发生偏差时，通过积极的引导，群体力量（压力）也能发挥积极的作用，让争议舆论回归理性，使网络空间变得开放、多元和包容。

8.1.2 “免疫”治理策略

第五章里详细讨论了社交网络上的谣言传播与控制问题，给出了控制谣言传播的最优免疫系数，据此对网络空间中的谣言、虚假信息、负面舆论等进行监管可以考虑对网络中的易感人群进行“免疫”。下面以治理谣言为例，阐述网络空间的“免疫”治理的基本思路。目前，针对复杂网络的免疫，比较成熟的免疫方法有三种，分别为随机免疫、目标免疫和熟人免疫。在实际应用中，究竟采取哪种免疫方法，还需要根据网络的拓扑结构来确定。对于一个网络中的节点 v_i 来说，若有 $k_i^{in} \gg k_i^{out}$ 成立，那么目标免疫是最有效的。这是因为 $k_1 = \langle k_S^{out} \rangle$，$k_1$ 越大，意味着一个易感个体能够接触到一条谣言的途径越多。换言之，一个易感个体被感染，进而成为传播个体的概率也就更大。因此，在这种情况下应该选择类 S 中有更大出度的节点作为目标节点，实施目标免疫。如果一个网络中的节点 v_i 呈现的结构为 $k_i^{in} \approx k_i^{out}$，那么可以对易感群体实施随机免疫。度量传播个体增长速度的表达式 R'_0 显示在这种网络结构中，随机免疫是有效的，而且可以保证控制成本最低。

为了合理分配和使用社会资源，有效地控制谣言的传播，依据上述理论分析的结果，针对目前国内较活跃的两大类社交网络平台——新浪微博和腾讯微信，给出实际应用中实施免疫策略的若干建议。微博主要利用名人效应来吸引普通用户和增加用户对平台的黏性，依据这种机制形成的复杂网络的典型特征是网络中存在少量的微博用户（如微博大V或明星用户）拥有众多的粉丝，但相较于其粉丝数，这些用户关注其他用户的数目却很小。这种特点用复杂网络的语言表述为整个有向的谣言传播网络中存在一些节点，这些节点的入度很大，但出度却很小，具有这种拓扑结构的复杂网络是异质网络。除了结构上的异质性外，微博上谣言传播的驱动模式在很大程度上也依靠微博大V。这些少量的大V节点拥有巨大的话语权，能够轻易推动或改变舆论的导向。因此，对微博这类社交网络实施目标免疫的免疫效果会更好。当微博中出现一条谣言时，相较于对普通用户进行引导或控制，管理者更应该对网络中的大V节点进行免疫。如果网络中的大V节点不传播未经证实的虚假信息或主动发布辟谣信息，那么这些节点的数量巨大的入度，即这些节点的数量众多的粉丝人群，同时也是一条谣言的易感人群与潜在传播者，就不会相信并大肆传播该谣言，对目标节点进行免疫是控制谣言传播的有效方法。

与微博依赖名人效应吸引和增加用户黏性不同，早期微信的运营模式更多的是凭借熟人关系来增加用户。依赖熟人关系链接而成的朋友网络相对比较均匀，网络中任意一个节点的入度和出度不会有巨大差异，这是因为除媒体公众号外，大部分用户的朋友数量不会有巨大悬殊。这样的网络结构可视为均匀网络，即网络中每个节点的平均入度和平均出度相差不大。微信上用户获知谣言的主要方式是朋友圈，但经朋友转载、发布的谣言对其朋友而言，其影响力更大，因此可以随机地选取微信中的一部分节点进行免疫。随机免疫方法通常被认为效果不佳，但这种方法对于类似微信这种均匀网络是有效的。这种免疫方法看似随机，但由于微信上人们对朋友发布的信息的信任程度更高，而且也更倾向于转发，随机免疫实质上也是对潜在传播者进行控制，因此能够有效地控制谣言传播。

应用免疫方法控制谣言传播时还需要考虑谣言的首发渠道。社会生活中的热点事件、公共事件和自然灾害等突发事件是谣言滋生的温床，但由这些事件引发的谣言的首发渠道却不尽相同。一般来说，社会生活中的突发事件大致可分为两类：一类是“关他”的公共事件，此类事件具有社会属性，但并不涉及谣言发布者自身的利益和安全。谣言发布者发布相关谣言的原动力是基于情绪宣泄、社会道德、公共价值等品质的讨论。与此相对，另一类谣言是“关已”的，谣言发布者更多地是在信息不对称的情况下，基于自身利益与安全等想法发布未经证实的虚假信息或谣言。不同类型的突发事件引发的谣言的主要传播渠道不尽相同，事先的预判有助于更有针对性地选择免疫策略。

基于对国内主流社交网络平台的运营机制和网民使用习惯的分析，可以发现当有涉及自身利益、安全的公共事件或自然灾害等突然发生时，网民更倾向于在第一时间通过微信朋友圈发布信息，并且实时地发布自身状态以及与该事件相关的各种资讯给家人或朋友。而当网民想要发布公共事件中涉及道德、社会怪象或问责等信息时，他们会优先选择在微博平台进行发布，以期吸引到更多的关注和讨论。因此，管理部门或社交网络平台在制定谣言防控策略时，可以先确定一个突发事件的类别或属性，粗略判断一条谣言的优先发布渠道，然后更有针对性地选择实施随机免疫或目标免疫。此外，为了使随机免疫策略效率更高，免疫节点的选择也要有侧重性。例如，可优先选择对公共事件发生地的网民进行免疫，让他们尽早了解真实信息，提高这些网民对虚假信息的辨识能力，从而可以抑制谣言的二次扩散。而目标免疫则要求权威机构或社交网络平台快速反应，首先选择对网络名人进行免疫，然后通过名人效应让更多民众尽快获悉事件发生的始末，拥有知情权，避免激发群体效应，产生连锁反应或网络暴力。综上所述，在预判了一条虚假信息、谣言或负面舆论的主要传播渠道后，根据传播网络的拓扑结构选择适宜的免疫方法是治理网络空间的一种有效策略。

8.1.3 技术与算法的合理运用

科学技术的日新月异引领人类社会全面进入数字经济时代，数据被认为是创新的关键要素，被认为是经济领域的石油，各行各业也都纷纷举起数字化大旗，从劳动、生产到消费、社交，甚至是情感，一切都在被数字化。然而，当数字经济席卷至大众舆论领域，当各大社交网络平台纷纷采用数据驱动机制和各种大数据推荐算法时，个体逐渐失去了明辨是非的能力，在面对无形中的群体压力时沦为了人云亦云的“乌合之众”，沦为了实施网络暴力的帮凶。有鉴于此，国家互联网信息办公室等四部门联合发布《互联网信息服务算法推荐管理规定》（以下简称《规定》），旨在规范利用算法控制网络舆论、干预微博热搜及引发网络骂战。《规定》的正式执行可以在一定程度上净化网络空间，惩治网络暴力，但网络空间的治理工作仍任重道远。在数字经济的时代背景下，基于用户生成内容的大数据的价值仍被资本追逐，相应的各类推荐算法仍将支配着人们的消费、社交和情感生活，因此，网络空间治理还需要加强技术与算法管理，科学合理地运用网络技术，对社交平台如微博、小红书、抖音等的推荐算法与排序算法进行有序监管，才能构建更文明、更和谐的网络环境。

8.2 网络空间治理建议

8.2.1 法治建设

鉴于网络空间中的虚假信息、谣言和网络暴力已严重干扰了人们的日常生活，学术界对网络空间的治理也纷纷建言献策。例如，李华君等[248]提出应该根据网络暴力的成因给予不同的治理策略。杨嵘均[249]认为从治理层面来说，网络暴力治理的前提是区分网络暴力和网络宽容二者之间的合理界限。当前，国内关于网络空间治理的主流观点是建议从法律的角度对网络用户、搜索网站、社交网络平台与基础电信企业等加以规范，依法治理。[250,251]2022 年，在全国“两会”期间，全国政协委员魏世忠建议将严重的网络暴力纳入公诉案件，人大代表李东生建议落实网络平台主体责任，提升网络暴力应对效率。张雄等 40 位代表向大会提交联名议案，建议为反网络暴力专项立法，网络暴力的治理与法治建设再次引发全社会的高度关注与热烈讨论。

8.2.2 算法治理与科技向善

网络空间的治理已经引发共识，各大社交网络平台纷纷采取各种措施。例如，为了治理谣言，微博推出了“辟谣”板块和举报功能。为了治理网络暴力，微博对侮辱、谩骂他人的账号实施禁言或注销账号的处罚，封禁了大量网络暴力话题，上线新的投诉功能等。但在这些治理工作的基础上，将社会热点事件、公共卫生事件和突发事件中的舆论争议与经济行为剥离，对各大社交网络平台与网络媒体实施的唯热度、唯流量的推荐算法进行规范更为关键。在舆论争议中，互联网信息服务推荐算法的提供者不应该盲目追求流量与利益，助推大众的盲从，而应该让围观者看到更多元的舆论声音，让争议舆论回归理性探讨。互联网信息服务推荐算法的治理有助于从根本上净化网络空间，打造多元、文明、和谐的互联网舆论环境。

2022 年 1 月，《国务院关于印发“十四五”数字经济发展规划的通知》指出，我国数字经济发展迅速，但在实践中应该规范算法至善，夯实安全发展的底线，以人为本地框定算法应用红线。科学与技术的进步是人类社会发展的不竭动力，但同时也是把双刃剑，如何引导科技向善，使人们不被算法“规训”，是促进数字经济健康发展的永恒主题。

8.3 网络空间治理的哲学思考

马克思曾说：“人的本质不是单个人所固有的抽象物，在其现实性上，它是一切社会关系的总和。”人要实现自己，就需要不断拓展自己的交往。1943 年，美国社会心理学家亚伯拉罕·马斯洛基于人本心理学，提出了著名的需要层次理论。马斯洛认为在生理需要和安全需要之上，人都有与他人建立情感的需要，即交往或归属的需要。社交网络的出现正是基于人的这种社交需求，搭载互联网技术的东风，各类交友、工作、兴趣类社交网络如雨后春笋般涌现并不断发展壮大，用户数量庞大。于 2004 年成立的 Facebook，目前每月有 27.4 亿活跃用户，Facebook 用户数量占全球社交网络人口的 59%，Facebook 的访问量仅次于 Google 和 YouTube。

1967 年，哈佛大学心理学教授斯坦利·米尔格拉姆（Stanley Milgram）提出了“六度分隔”理论，这种理论说明人类社会普通存在“弱连接”，但这种弱连接却往往发挥着非常强大的作用。随着互联网的出现，网络科学得以蓬勃发展。1998 年，Watts 和 Strogatz 在 *Nature* 上发表了题为《小世界网络的群体动力行为》的论文，这篇文章推广了“六度分隔”假设，提出了著名的小世界现象。[46]社交网络的兴起与流行是小世界理论的现实体现，同时也改变了人们获取、交流和传递信息的方式。因社交网络的出现，今天的人类社会是名副其实的地球村、小世界，但人作为世界的主体却在无形当中被依托技术而生的各类社交网络所引导、指挥，甚至支配。以微博为例，微博为人们搭建了信息交流的平台，但因发布信息门槛低及监管难度大，微博也常常沦为谣言滋生的温床。以社交网络中的从众行为为例，心理学和行为学中的羊群效应虽普遍存在，但这种效应被网络技术放大，加之社交传染，人们很容易放弃理性思考，盲目从众。

无论是社交网络中的营销行为、大众舆论还是医疗决策问题都需要科学合理的监督与管理，网络空间的治理需要更多的总结和反思。归功于科学和技术的快速发展，今天人类文明达到了前所未有的高度，人们的物质生活也有了质的改善，但物质生活质量大幅提升的同时，人们工作中的成就感、生活中的幸福感并未同比例提升。其根本原因或许是今天人们过于看重技术、发展技术并高度依赖技术，同时也在潜移默化地被技术所“规训”。在生活中，人们依赖于互联网进行消费、教育、社交甚至就医，网络技术虽然提供了大量便利，但技术同时也在引导、限制甚至塑造着人们的思想和行为。因此，正视技术对于人的规训，思考如何突破枷锁，实现个体解放的哲学议题也是网络空间治理需要正视和思考的。

8.4 本章小结

在前面几章研究的基础上，本章总结了网络空间治理的若干策略与建议，虽然目前相关管理部门与学术界对网络空间治理的法治建设的必要性已达成共识，但网络空间里虚假信息、谣言、负面舆论和网络暴力等各类传播问题的治理工作亦要考虑和兼顾经济、技术和人文等多种因素。互联网时代，当代人要走出像毛细血管一般的技术规训，或许还需要哲学和艺术。近代哲学确立了人的主体性并高举理性的大旗，在这种启蒙之下，个体服从普遍性的法则，这是法国哲学家福柯知识考古学和权力谱系学批判之所在。解铃还须系铃人，福柯说：“哲学的任务就是对政治理性所导致的权力泛滥进行监督，这是未来生活的一个重要期待。”我们必须发明出一种新的哲学，一种游牧式的行动，以摆脱当下束缚的状态。因此，信息时代的网络空间治理，除科学防控与法治建设外，还需要哲学的指引与融合。

参考文献

[1] 辛文娟．浅析新媒体时期灾难谣言的控制与防范：基于日本震后“抢盐事件”中谣言的传播分析［J］．新闻知识，2012，(1)：29－31.

[2] 王春晓．从“冰桶挑战”看社交网络科学传播新方式［J］．新兴传媒，2014，(12)：66－67.

[3] 张艺凝，靖鸣．“ALS 冰桶挑战”事件的传播学思考［J］．新闻爱好者，2014，(10)：9－12.

[4] LIPTAK A. Mark Zuckerberg outlines how Facebook will tackle its fake news problem［EB/OL］．(2016－11－19)［2022－11－9］．https：//www. theverge. com/2016/11/19/13685548/mark－zuckerberg－facebook－fake－news－problem－solutions.

[5] TOFFLER A，ALVIN T. The third wave［M］．New York：Bantam Books，1981.

[6] 唐朝生．在线社交网络信息传播建模及转发预测研究［D］．秦皇岛：燕山大学，2014：2.

[7] GOEL S，ANDERSON A，HOFMAN J，et al. The structural virality of online diffusion［J］．Management science，2015，62 (1)：180－196.

[8] HARTLEY R V. Transmission of information［J］．Bell system technical journal，1928，7 (3)：535－563.

[9] SHANNON C E. A mathematical theory of communication［J］．The bell system technical journal，1948，27 (3)：379－423.

[10] WIENER N. Cybernetics or control and communication in the animal and the machine［M］．Cambridge，Mass：MIT Press，1961：60－95.

[11] HOGG T，LERMAN K. Social dynamics of digg［J］．EPJ data science，2012，1

(1): 1-26.

[12] FREEMAN M, MCVITTIE J, SIVAK I, et al. Viral information propagation in the Digg online social network [J]. Physica a: statistical mechanics and its applications, 2014, 415: 87-94.

[13] LUARN P, CHIU Y-P. Influence of network density on information diffusion on social network sites: the mediating effects of transmitter activity [J]. Information development, 2016, 32 (3): 389-397.

[14] CHA M, BENEVENUTO F, HADDADI H, et al. The world of connections and information flow in twitter [J]. IEEE transactions on systems, man and cybernetics - part a: systems and humans, 2012, 42 (4): 991-998.

[15] FABREGA J, PAREDES P. Social contagion and cascade behaviors on Twitter [J]. Information, 2013, 4 (2): 171-181.

[16] GAO Q, TIAN Y, TU M. Exploring factors influencing Chinese user's perceived credibility of health and safety information on Weibo [J]. Computers in human behavior, 2015, 45: 21-31.

[17] YAN Q, WU L R, ZHENG L. Social network based microblog user behavior analysis [J]. Physica a: statistical mechanics and its applications, 2013, 392 (7): 1712-1723.

[18] 曹丽娜，唐锡晋. 基于主题模型的 BBS 话题演化趋势分析 [J]. 管理科学学报，2014，17 (11): 109-121.

[19] ZHAO L J, WANG Q, CHENG J J, et al. Rumor spreading model with consideration of forgetting mechanism: a case of online blogging LiveJournal [J]. Physica a: statistical mechanics and its applications, 2011, 390 (13): 2619-2625.

[20] 陈璟浩，李纲. 突发公共事件网络舆情传播过程研究 [J]. 情报杂志，2015，34 (2): 42-46.

[21] 张耀峰，肖人彬. 群体性突发事件的舆情演化模型与仿真 [J]. 计算机应用研究，2015，32 (2): 351-355.

[22] 张耀峰，肖人彬. 基于元胞自动机的网络群体事件舆论同步的涌现机制 [J]. 系统工程理论与实践，2014，34 (10): 2600-2608.

[23] ZHOU C, ZHAN Q, LU W. Impact of repeated exposures on information spreading in social networks [J]. Plos one, 2015, 10 (10): e0140556.

[24] WU H R, ARENAS A, GOMEZ S. Influence of trust in the spreading of information [J]. Physical review e, 2017, 95 (1): 012301.

[25] WANG Y Q, YANG X Y, HAN Y L, et al. Rumor spreading model with trust mechanism in complex social networks [J]. Communications in theoretical physics, 2013, 59 (4): 510.

[26] LI W H, TANG S, PEI S, et al. The rumor diffusion process with emerging independent spreaders in complex networks [J]. Physica a: statistical mechanics and its applications, 2014, 397: 121 - 128.

[27] LIU C, ZHAN X X, ZHANG Z K, et al. Events determine spreading patterns: information transmission via internal and external influences on social networks [J]. New journal of physics, 2015, 17 (11): 113045.

[28] KARNIK A, SAROOP A, BORKAR V. On the diffusion of messages in on - line social networks [J]. Performance evaluation, 2013, 70 (4): 271 - 285.

[29] XU J, ZHANG L, MA B, et al. Impacts of suppressing guide on information spreading [J]. Physica a: statistical mechanics and its applications, 2016, 444: 922 - 927.

[30] WU B, JIANG S, CHEN H C. The impact of individual attributes on knowledge diffusion in web forums [J]. Quality & quantity, 2015, 49 (6): 2221 - 2236.

[31] VAZQUEZ A, RÁCZ B, LUKÁCS A, et al. Impact of non - poissonian activity patterns on spreading processes [J]. Physical review letters, 2007, 98 (15): 158702.

[32] YAN Q, WU L R. Impact of bursty human activity patterns on the popularity of online content [J]. Discrete dynamics in nature and society, 2012, 2012 (3): 872908.

[33] IRIBARREN J L, MORO E. Impact of human activity patterns on the dynamics of information diffusion [J]. Physical review letters, 2009, 103 (3): 038702.

[34] CENTOLA D. The spread of behavior in an online social network experiment [J]. Science, 2010, 329 (5996): 1194 - 1197.

[35] LI Z R, LV T J, ZHANG X H, et al. The effects of personal characteristics and inter-

personal influence on privacy information diffusion in SNS [C]. Service operations and logistics, and informatics, 2013 IEEE international conference on, Dongguan, China, 2013: 413 -418. ①

[36] ZHANG L, PENG T Q, ZHANG Y P, et al. Content or context: which matters more in information processing on microblogging sites [J]. Computers in human behavior, 2014, 31: 242 -249.

[37] XIONG F, LIU Y, ZHANG Z J, et al. An information diffusion model based on retweeting mechanism for online social media [J]. Physics letters a, 2012, 376 (30): 2103 -2108.

[38] SU Q, HUANG J J, ZHAO X D. An information propagation model considering incomplete reading behavior in microblog [J]. Physica a: statistical mechanics and its applications, 2015, 419: 55 -63.

[39] MOZAFARI N, HAMZEH A. An enriched social behavioural information diffusion model in social networks [J]. Journal of information science, 2015, 41 (3): 273 -283.

[40] STATTNER E, COLLARD M, VIDOT N. D2SNet: dynamics of diffusion and dynamic human behaviour in social networks [J]. Computers in human behavior, 2013, 29 (2): 496 -509.

[41] ÇELEN B, KARIV S. Distinguishing informational cascades from herd behavior in the laboratory [J]. American economic review, 2004, 94 (3): 484 -498.

[42] SHAFAEI M, JALILI M. Community structure and information cascade in signed networks [J]. New generation computing, 2014, 32 (3 -4): 257 -269.

[43] TONG C, HE W, NIU J, et al. A novel information cascade model in online social networks [J]. Physica a: statistical mechanics and its applications, 2016, 444: 297 -310.

[44] HISAKADO M, MORI S. Information cascade on networks [J]. Physica a: statistical mechanics and its applications, 2016, 450: 570 -584.

---

① 本书引用的会议录因未公开出版或发行，故未写出出版地和出版者，但均写明了会议名称、召开地点和时间，便于读者检索查询。

[45] CHOOBDAR S, RIBEIRO P, PARTHASARATHY S, et al. Dynamic inference of social roles in information cascades [J]. Data mining and knowledge discovery, 2015, 29 (5): 1152 - 1177.

[46] WATTS D J, STROGATZ S H. Collective dynamics of "small - world" networks [J]. Nature, 1998, 393 (6684): 440 - 442.

[47] BARABÁSI A - L, ALBERT R. Emergence of scaling in random networks [J]. Science, 1999, 286 (5439): 509 - 512.

[48] NEWMAN M E. The structure and function of complex networks [J]. SIAM review, 2003, 45 (2): 167 - 256.

[49] ZANETTE D H. Critical behavior of propagation on small - world networks [J]. Physical review e, 2001, 64 (5): 050901.

[50] ZANETTE D H. Dynamics of rumor propagation on small - world networks [J]. Physical review e, 2002, 65 (4): 041908.

[51] MORENO Y, NEKOVEE M, PACHECO A F. Dynamics of rumor spreading in complex networks [J]. Physical review e, 2004, 69 (6): 066130.

[52] PAN Z F, WANG X F, LI X. Simulation investigation on rumor spreading on scale - free network with tunable clustering [J]. Journal of system simulation, 2006, 18 (8): 2346 - 2348.

[53] CHENG J J, LIU Y, SHEN B, et al. An epidemic model of rumor diffusion in online social networks [J]. The european physical journal b, 2013, 86 (1): 1 - 7.

[54] ISHAM V, HARDEN S, NEKOVEE M. Stochastic epidemics and rumours on finite random networks [J]. Physica a: statistical mechanics and its applications, 2010, 389 (3): 561 - 576.

[55] BUSCH M, MOEHLIS J. Homogeneous assumption and the logistic behavior of information propagation [J]. Physical review e, 2012, 85 (2): 026102.

[56] WANG J J, ZHAO L J, HUANG R B. 2SI2R rumor spreading model in homogeneous networks [J]. Physica a: statistical mechanics and its applications, 2014, 413: 153 - 161.

[57] LUARN P, YANG J – C, CHIU Y – P. The network effect on information dissemination on social network sites [J]. Computers in human behavior, 2014, 37: 1 – 8.

[58] ZHAO J, WU J, FENG X, et al. Information propagation in online social networks: a tie – strength perspective [J]. Knowledge and information systems, 2012, 32 (3): 589 – 608.

[59] CUI P B, TANG M, WU Z X. Message spreading in networks with stickiness and persistence: large clustering does not always facilitate large – scale diffusion [J]. Scientific reports, 2014, 4: 6303.

[60] WANG X, ZHAO T. Model for multi – messages spreading over complex networks considering the relationship between messages [J]. Communications in nonlinear science and numerical simulation, 2017, 48: 63 – 69.

[61] KOSSINETS G, WATTS D J. Empirical analysis of an evolving social network [J]. Science, 2006, 311 (5757): 88 – 90.

[62] WU L R, YAN Q. Modeling dynamic evolution of online friendship network [J]. Communications in theoretical physics, 2012, 58 (4): 599 – 603.

[63] HOLME P, SARAMÄKI J. Temporal networks [J]. Physics reports, 2012, 519 (3): 97 – 125.

[64] BOCCALETTI S, BIANCONI G, CRIADO R, et al. The structure and dynamics of multilayer networks [J]. Physics reports, 2014, 544 (1): 1 – 122.

[65] KIVELA M, ARENAS A, BARTHELEMY M, et al. Multilayer networks [J]. Journal of complex networks, 2014, 2 (3): 203 – 271.

[66] LIU J G, REN Z M, GUO Q. Ranking the spreading influence in complex networks [J]. Physica a: statistical mechanics and its applications, 2013, 392 (18): 4154 – 4159.

[67] GAO S, MA J, CHEN Z, et al. Ranking the spreading ability of nodes in complex networks based on local structure [J]. Physica a: statistical mechanics and its applications, 2014, 403: 130 – 147.

[68] BAE J, KIM S. Identifying and ranking influential spreaders in complex networks by neighborhood coreness [J]. Physica a: statistical mechanics and its applications,

2014, 395: 549 –559.

[69] CHEN D B, XIAO R, ZENG A, et al. Path diversity improves the identification of influential spreaders [J]. Europhysics letters, 2014, 104 (6): 68006.

[70] TANG S, TENG X, PEI S, et al. Identification of highly susceptible individuals in complex networks [J]. Physica a: statistical mechanics and its applications, 2015, 432: 363 –372.

[71] MADAR N, KALISKY T, COHEN R, et al. Immunization and epidemic dynamics in complex networks [J]. Physics of condensed matter, 2004, 38 (2): 269 –276.

[72] PENG C B, JIN X G, SHI M X. Epidemic threshold and immunization on generalized networks [J]. Physica a: atatistical mechanics and its applications, 2010, 389 (3): 549 –560.

[73] PASTOR – SATORRAS R, VESPIGNANI A. Immunization of complex networks [J]. Physical review e, 2002, 65 (3): 036104.

[74] 牛长喜. 复杂网络中的网络免疫方法研究 [D]. 成都: 电子科技大学, 2012: 28 –41.

[75] 周涛, 张子柯, 陈关荣, 等. 复杂网络研究的机遇与挑战 [J]. 电子科技大学学报, 2014, 43 (1): 1 –5.

[76] 布朗. 微分方程: 一种建模方法 [M]. 李兰, 译. 上海: 格致出版社, 2012: 2.

[77] BRAUER F, CASTILLO – CHAVEZ C. 生物数学: 种群生物学与传染病学中的数学模型: 第2版 [M]. 金成桴, 译. 北京: 清华大学出版社, 2013: 2 –17.

[78] ROSS R. The prevention of malaria [M]. London: John Murray, 1911.

[79] KERMACK W O, MCKENDRICK A G. A contribution to the mathematical theory of epidemics [C]. Proceedings of the royal society of London a: mathematical, physical and engineering sciences, London, 1927: 700 –721.

[80] BAILEY N T. The mathematical theory of infectious diseases and its applications [M]. Glasgow: Charles Griffin & Company, 1975.

[81] DE P, LIU Y H, DAS S K. An epidemic theoretic framework for vulnerability analysis

of broadcast protocols in wireless sensor networks [J]. IEEE transactions on mobile computing, 2009, 8 (3): 413 -425.

[82] MISHRA B K, KESHRI N. Mathematical model on the transmission of worms in wireless sensor network [J]. Applied mathematical modelling, 2013, 37 (6): 4103 -4111.

[83] ZHU L H, ZHAO H Y. Dynamical analysis and optimal control for a malware propagation model in an information network [J]. Neurocomputing, 2015, 149: 1370 -1386.

[84] HAN X, TAN Q L. Dynamical behavior of computer virus on Internet [J]. Applied mathematics and computation, 2010, 217 (6): 2520 -2526.

[85] MISHRA B K, PANDEY S K. Dynamic model of worms with vertical transmission in computer network [J]. Applied mathematics and computation, 2011, 217 (21): 8438 -8446.

[86] ZHU Q Y, YANG X F, YANG L X, et al. Optimal control of computer virus under a delayed model [J]. Applied mathematics and computation, 2012, 218 (23): 11613 -11619.

[87] YANG L X, YANG X F. The impact of nonlinear infection rate on the spread of computer virus [J]. Nonlinear dynamics, 2015, 82 (1 -2): 85 -95.

[88] BETTENCOURT L M, CINTRÓN - ARIAS A, KAISER D I, et al. The power of a good idea: quantitative modeling of the spread of ideas from epidemiological models [J]. Physica a: statistical mechanics and its applications, 2006, 364: 513 -536.

[89] BETTENCOURT L, KAISER D, KAUR J, et al. Population modeling of the emergence and development of scientific fields [J]. Scientometrics, 2008, 75 (3): 495 -518.

[90] BETTENCOURT L M, KAUR J. Evolution and structure of sustainability science [J]. Proceedings of the national academy of sciences, 2011, 108 (49): 19540 -19545.

[91] CHEN G H, SHEN H ZH, CHEN G M, et al. A new kinetic model to discuss the control of panic spreading in emergency [J]. Physica a: statistical mechanics and its applications, 2015, 417: 345 -357.

[92] FU L B, SONG W G, LV W, et al. Simulation of emotional contagion using modified SIR model: A cellular automaton approach [J]. Physica a: statistical mechanics and

its applications, 2014, 405: 380-391.

[93] LIU Z F, ZHANG T T, LAN Q J. An extended SISa model for sentiment contagion [J]. Discrete dynamics in nature and society, 2014, 2014 (3): 262384.

[94] WALTERS C E, KENDAL J R. An SIS model for cultural trait transmission with conformity bias [J]. Theoretical population biology, 2013, 90 (12): 56-63.

[95] DOEBELI M, ISPOLATOV I. A model for the evolutionary diversification of religions [J]. Journal of theoretical biology, 2010, 267 (4): 676-684.

[96] GOFFMAN W, NEWILL V. Generalization of epidemic theory [J]. Nature, 1964, 204 (4955): 225-228.

[97] DALEY D J, KENDALL D G. Epidemics and rumours [J]. Nature, 1964, 204 (4963): 1118.

[98] DALEY D J, KENDALL D G. Stochastic rumours [J]. IMA journal of applied mathematics, 1965, 1 (1): 42-55.

[99] GOFFMAN W. Mathematical approach to the spread of scientific ideas—the history of mast cell research [J]. Nature, 1966, 212 (5061): 449.

[100] GOFFMAN W, HARMON G. Mathematical approach to the prediction of scientific discovery [J]. Nature, 1971, 229 (5280): 103-104.

[101] ZHANG W, YE Y Q, TAN H L, et al. Information diffusion model based on social network [C]. Proceedings of the 2012 international conference of modern computer science and applications, Berlin, Heidelberg, 2013: 145-150.

[102] NEKOVEE M, MORENO Y, BIANCONI G, et al. Theory of rumour spreading in complex social networks [J]. Physica a: statistical mechanics and its applications, 2007, 374 (1): 457-470.

[103] ZHAO L J, CUI H X, QIU X Y, et al. SIR rumor spreading model in the new media age [J]. Physica a: statistical mechanics and its applications, 2013, 392 (4): 995-1003.

[104] LI D H, ZHANG Y Q, CHEN X, et al. Propagation regularity of hot topics in Sina Weibo based on SIR model: a simulation research [C]. Computing, communications

and IT applications, 2014 IEEE conference on, Beijing, China, 2014: 310 – 315.

[105] ZHOU X, HU Y, WU Y, et al. Influence analysis of information erupted on social networks based on SIR model [J]. International journal of modern physics C, 2015, 26 (2): 1550018.

[106] HUO L A, HUANG P Q, GUO C X. Analyzing the dynamics of a rumor transmission model with incubation [J]. Discrete dynamics in nature and society, 2012, 2012 (1): 328151.

[107] GU Y R, XIA L L. The propagation and inhibition of rumors in online social network [J]. Acta physica sinica, 2012, 61 (23): 544 – 550.

[108] XIA L L, JIANG G P, SONG B, et al. Rumor spreading model considering hesitating mechanism in complex social networks [J]. Physica a: statistical mechanics and its applications, 2015, 437: 295 – 303.

[109] ZHOU J, LIU Z, LI B. Influence of network structure on rumor propagation [J]. Physics letters a, 2007, 368 (6): 458 – 463.

[110] WAN C, LI T, GUAN Z H, et al. Spreading dynamics of an e – commerce preferential information model on scale – free networks [J]. Physica a: statistical mechanics and its applications, 2017, 467: 192 – 200.

[111] ZHAO L J, WANG X L, QIU X Y, et al. A model for the spread of rumors in Barrat – Barthelemy – Vespignani (BBV) networks [J]. Physica a: statistical mechanics and its applications, 2013, 392 (21): 5542 – 5551.

[112] WANG R, CAI W, SHEN B. The study of the dynamic model on KAD network information spreading [J]. Telecommunication systems, 2016, 63 (3): 371 – 379.

[113] 司有和. 信息传播学 [M]. 重庆: 重庆大学出版社, 2007: 1.

[114] 李红艳. 传播学研究方法 [M]. 北京: 中国传媒大学出版社, 2007: 211 – 231.

[115] SHANNON C E, WEAVER W. The mathematical theory of communication [M]. Champaign: University of Illinois Press, 1998: 1 – 31.

[116] WESTLEY B H, MACLEAN JR M S. A conceptual model for communications research

[J]. Journalism quarterly, 1957, 34 (1): 31 -38.

[117] OSGOOD C E, SUCI G J, TANNENBAUM P H. The measurement of meaning [M]. Champaign: University of Illinois Press, 1964.

[118] WANG F, WANG H Y, XU K. Diffusive logistic model towards predicting information diffusion in online social networks [C]. Distributed computing systems workshops, 2012 32nd international conference on, Macau, China, 2012: 133 -139.

[119] LEI C X, LIN Z G, WANG H Y. The free boundary problem describing information diffusion in online social networks [J]. Journal of differential equations, 2013, 254 (3): 1326 -1341.

[120] 宣慧玉，张发. 复杂系统仿真及应用 [M]. 北京：清华大学出版社，2008：85 -90.

[121] 邵成刚. 胆小的传谣人传播谣言的 Potts 模型 [D]. 武汉：华中科技大学，2003.

[122] 贺筱媛，胡晓峰，司光亚，等. 网络信息传播动力学研究 [J]. 装备指挥技术学院学报，2009，20 (3)：85 -90.

[123] 贺筱媛，胡晓峰. 网络信息传播动力学建模研究 [J]. 系统仿真学报，2010 (11)：2511 -2514，2518.

[124] 许小可，胡海波，张伦，等. 社交网络上的计算传播学 [M]. 北京：高等教育出版社，2015：81 -88.

[125] CHEN C C, CHEN Y T, CHEN M C. An aging theory for event life - cycle modeling [J]. Systems, man and cybernetics, part a: systems and humans, IEEE transactions on, 2007, 37 (2): 237 -248.

[126] VAN DEN DRIESSCHE P, WATMOUGH J. Reproduction numbers and sub - threshold endemic equilibria for compartmental models of disease transmission [J]. Mathematical biosciences, 2002, 180 (1): 29 -48.

[127] 微博数据中心. 2015 年度微博热门话题盘点 [R/OL]. (2016 - 02 - 29) [2017 -08 -30]. http://data.weibo.com.

[128] REN D, ZHANG X, WANG Z, et al. Weiboevents: a crowd sourcing weibo visual

analytic system [C]. Visualization symposium (PacificVis), 2014 IEEE Pacific, Yokohama, Japan, 2014: 330 - 334.

[129] 雷跃捷，辛欣. 网络传播概论 [M]. 北京：中国传媒大学出版社，2010：1 - 7.

[130] ANDERSON C. The long tail: why the future of business is selling less of more [M]. New York: Hachette Books, 2006.

[131] 彭沂. 第四媒体：发展趋势与其超媒体功能 [J]. 青年记者，2012，(18)：86 - 87.

[132] 汪淼. 传播研究的心理学传统 [M]. 桂林：广西师范大学出版社，2014：2 - 5.

[133] MASLOW A H, FRAGER R, FADIMAN J, et al. Motivation and personality [M]. New York: Harper & Row, 1970.

[134] LAZARSFELD P F, BERELSON B, GAUDET H. The people's choice: how the voter makes up his mind in a presidential campaign [M]. New York: Columbia University Press, 1948.

[135] HOVLAND C I, JANIS I L, KELLEY H H. Communication and persuasion: psychological studies of opinion change [M]. New Haven: Yale University Press, 1953.

[136] ROGERS E M. Diffusion of innovations [M]. New York: Simon and Schuster, 1962.

[137] WILSON T D. On user studies and information needs [J]. Journal of documentation, 1981, 37 (1): 3 - 15.

[138] CAMPBELL I, VAN RIJSBERGEN C J. The ostensive model of developing information needs [C]. Proceedings of the 3rd international conference on conceptions of library and information science, Copenhagen, 1996: 251 - 268.

[139] KENNEDY L, COLE C, CARTER S. Connecting online search strategies and information needs: a user - centered, focus - labeling approach [J]. RQ, 1997, 36 (4): 562 - 568.

[140] SHENTON A K, DIXON P. The nature of information needs and strategies for their investigation in youngsters [J]. Library & information science research, 2004, 26 (3): 296 - 310.

[141] 刘业政，姜元春，张结魁. 网络消费者行为：理论方法及应用 [M]. 北京：科

学出版社，2011：16－19.

[142] NELSON P. Information and consumer behavior [J]. Journal of political economy, 1970, 78 (2): 311－329.

[143] SIRGY M J. Self－concept in consumer behavior: a critical review [J]. Journal of consumer research, 1982, 9 (3): 287－300.

[144] ROTHSCHILD M L, GAIDIS W C. Behavioral learning theory: its relevance to marketing and promotions [J]. The journal of marketing, 1981, 45 (2): 70－78.

[145] DURVASULA S, ANDREWS J C, LYSONSKI S, et al. Assessing the cross－national applicability of consumer behavior models: a model of attitude toward advertising in general [J]. Journal of consumer research, 1993, 19 (4): 626－636.

[146] NORMAN V P. The power of positive thinking [M]. New York: Random House, 2012.

[147] JANIS I L, HOVLAND C I, FIELD P B, et al. Personality and persuasibility [M]. New Haven: Yale University Press, 1962.

[148] MATHER D, CROFTS N. A computer model of the spread of hepatitis C virus among injecting drug users [J]. European journal of epidemiology, 1999, 15 (1): 5－10.

[149] DAWKINS R. The selfish gene [M]. New York: Oxford University Press, 1976.

[150] RIJSHKOFF D. Media virus: hidden agendas in popular culture [M]. New York: Ballantine books, 1994.

[151] 冯丙奇．病毒式传播研究 [M]．北京：中国传媒大学出版社，2016：9－16.

[152] RAYPORT J. The virus of marketing [J]. Fast company, 1996, 6 (1996): 68.

[153] KNIGHT C. Viral marketing - defy traditional methods for hyper growth [J]. Broadwatch magazine, 1999, 13 (11): 50－53.

[154] GUNAWAN D D, HUARNG K H. Viral effects of social network and media on consumers' purchase intention [J]. Journal of business research, 2015, 68 (11): 2237－2241.

[155] VILPPONEN A, WINTER S, SUNDQVIST S. Electronic word－of－mouth in online environments: exploring referral networks structure and adoption behavior [J]. Journal of interactive advertising, 2006, 6 (2): 8－77.

[156] KIRBY J, MARSDEN P. Connected marketing: the viral, buzz and word of mouth revolution [M]. Bodmin, Cornwall: Elsevier, 2006.

[157] BRYANT J, MIRON D. Theory and research in mass communication [J]. Journal of communication, 2004, 54 (4): 662 – 704.

[158] LONG C, WONG R C – W. Viral marketing for dedicated customers [J]. Information systems, 2014, 46: 1 – 23.

[159] MOCHALOVA A, NANOPOULOS A. A targeted approach to viral marketing [J]. Electronic commerce research and applications, 2014, 13 (4): 283 – 294.

[160] AMNIEH I G, KAEDI M. Using estimated personality of social network members for finding influential nodes in viral marketing [J]. Cybernetics and systems, 2015, 46 (5): 355 – 378.

[161] ZHU Z. Discovering the influential users oriented to viral marketing based on online social networks [J]. Physica a: statistical mechanics and its applications, 2013, 392 (16): 3459 – 3469.

[162] ARAL S, WALKER D. Identifying influential and susceptible members of social networks [J]. Science, 2012, 337 (6092): 337 – 341.

[163] IYENGAR R, VAN DEN BULTE C, VALENTE T W. Opinion leadership and social contagion in new product diffusion [J]. Marketing science, 2011, 30 (2): 195 – 212.

[164] IYENGAR R, VAN DEN BULTE C, LEE J Y. Social contagion in new product trial and repeat [J]. Marketing science, 2015, 34 (3): 408 – 429.

[165] ARAL S. Identifying social influence: a comment on opinion leadership and social contagion in new product diffusion [J]. Marketing science, 2011, 30 (2): 217 – 223.

[166] BASS F M. A new product growth for model consumer durables [J]. Management science, 1969, 15 (5): 215 – 227.

[167] BASS F M. Comments on a new product growth for model consumer durables the bass model [J]. Management science, 2004, 50 (12): 1833 – 1840.

[168] LI S D, JIN Z. Global dynamics analysis of homogeneous new products diffusion model [J]. Discrete dynamics in nature and society, 2013, 2013 (2): 158901.

[169] CHUNG C, NIU S C, SRISKANDARAJAH C. A sales forecast model for short - life - cycle products: new releases at Blockbuster [J]. Production and operations management, 2012, 21 (5): 851 - 873.

[170] VAN DEN BULTE C, JOSHI Y V. New product diffusion with influentials and imitators [J]. Marketing science, 2007, 26 (3): 400 - 421.

[171] NIU S C. A stochastic formulation of the Bass model of new - product diffusion [J]. Mathematical problems in engineering, 2002, 8 (3): 249 - 263.

[172] ISMAIL Z, ABU N. A study on new product demand forecasting based on Bass diffusion model [J]. Journal of mathematics and statistics, 2013, 9 (2): 84.

[173] KIM T, HONG J. Bass model with integration constant and its applications on initial demand and left - truncated data [J]. Technological forecasting and social change, 2015, 95: 120 - 134.

[174] ELBERSE A, ELIASHBERG J. Demand and supply dynamics for sequentially released products in international markets: the case of motion pictures [J]. Marketing science, 2003, 22 (3): 329 - 354.

[175] WANG Y, YANG S, QIAN W, et al. Forecasting new product diffusion using grey time - delayed verhulst model [J]. Journal of applied mathematics, 2013, 2013 (8): 625028.

[176] GUO H, XIAO X, FORREST J. The forecasting of new product diffusion by grey model [J]. Journal of grey system, 2015, 27 (2): 68 - 77.

[177] WU C, ZHANG Y. A simulation model of new product diffusion based on small world network [J]. Canadian social science, 2013, 9 (3): 24.

[178] 简明，胡玉立．市场预测与管理决策 [M]. 北京：中国人民大学出版社，2009：3 - 10.

[179] JIA Z R, QIAO F Q. Simulation research on the infection of unsafe behavior of employees based on social network [J]. Advances in computer, signals and systems, 2022, 6 (5): 63 - 69.

[180] DENRELL J. Sociology: indirect social influence [J]. Science, 2008, 321 (5885):

47 – 48.

[181] MINER J R. Pierre – François Verhulst, the discoverer of the logistic curve [J]. Human biology, 1933, 5 (4): 673.

[182] SHERIF M S. Group conflict and co – operation: their social psychology [M]. Hove, UK: Psychology Press, 2015.

[183] LE BON G. The crowd: a study of the popular mind [M]. London: Fischer, 1897.

[184] DAYAN D. The peculiar public of television [J]. Media, culture & society, 2001, 23 (6): 743 – 765.

[185] MCQUAIL D. Audience analysis [M]. California: Sage, 1997.

[186] POSTER M. What's the matter with the internet? [M]. Minnesota: University of Minnesota Press, 2001.

[187] SHERIF M. The psychology of social norms [M]. Oxford: Harper, 1936.

[188] ASCH S E. Opinions and social pressure [J]. Readings about the social animal, 1955, 193: 17 – 26.

[189] LEWIN K. Field theory and experiment in social psychology: concepts and methods [J]. American journal of sociology, 1939, 44 (6): 868 – 896.

[190] LEWIN K. Forces behind food habits and methods of change [J]. Bulletin of the national research council, 1943, 108 (1043): 35 – 65.

[191] LEWIN K. Group decision and social change [J]. Readings in social psychology, 1947, 3: 197 – 211.

[192] BANERJEE A V. A simple model of herd behavior [J]. Quarterly journal of economics, 1992, 107 (3): 797 – 817.

[193] SCHARFSTEIN D S, STEIN J C. Herd behavior and investment [J]. The American economic review, 1990, 80 (3): 465 – 479.

[194] SHILLER R J. Conversation, information, and herd behavior [J]. The American economic review, 1995, 85 (2): 181 – 185.

[195] FAHR R, IRLENBUSCH B. Who follows the crowd – groups or individuals? [J]. Journal of economic behavior & organization, 2011, 80 (1): 200 – 209.

[196] GREENGARD S. Following the crowd [J]. Communications of the ACM, 2011, 54 (2): 20-22.

[197] CHEN Y F. Herd behavior in purchasing books online [J]. Computers in human behavior, 2008, 24 (5): 1977-1992.

[198] LEE Y-J, HOSANAGAR K, TAN Y. Do I follow my friends or the crowd? Information cascades in online movie ratings [J]. Management science, 2015, 61 (9): 2241-2258.

[199] LIU Q, ZHANG L. Information cascades in online reading: an empirical investigation of panel data [J]. Library hi tech, 2014, 32 (4): 687-705.

[200] EGUILUZ V M, ZIMMERMANN M G. Transmission of information and herd behavior: an application to financial markets [J]. Physical review letters, 2000, 85 (26): 5659.

[201] FELDMAN T. Investor behaviour and contagion [J]. Quantitative finance, 2014, 14 (4): 725-735.

[202] LEVITAN L C, VERHULST B. Conformity in groups: the effects of others' views on expressed attitudes and attitude change [J]. Political behavior, 2016, 38 (2): 277-315.

[203] MILGRAM S, BICKMAN L, BERKOWITZ L. Note on the drawing power of crowds of different size [J]. Journal of personality and social psychology, 1969, 13 (2): 79.

[204] DUO Q, SHEN H, ZHAO J, et al. Conformity behavior during a fire disaster [J]. Social behavior and personality, 2016, 44 (2): 313-324.

[205] MICHELUCCI P, DICKINSON J L. The power of crowds [J]. Science, 2016, 351 (6268): 32-33.

[206] MILO T. Enlisting the power of the crowd [J]. Communications of the ACM, 2016, 59 (1): 117-117.

[207] MYERS S A, LESKOVEC J. Clash of the contagions: cooperation and competition in information diffusion [C]. Data mining, 2012 IEEE 12th international conference on, Dallas, 2012: 539-548.

[208] ITO T A, LARSEN J T, SMITH N K, et al. Negative information weighs more heavily on the brain: the negativity bias in evaluative categorizations [J]. Journal of personality and social psychology, 1998, 75 (4): 887.

[209] XIA L, BECHWATI N N. Word of mouse: the role of cognitive personalization in online consumer reviews [J]. Journal of interactive advertising, 2008, 9 (1): 3 – 13.

[210] CHEN Z, LURIE N H. Temporal contiguity and negativity bias in the impact of online word of mouth [J]. Journal of marketing research, 2013, 50 (4): 463 – 476.

[211] BAUMEISTER R F, BRATSLAVSKY E, FINKENAUER C, et al. Bad is stronger than good [J]. Review of general psychology, 2001, 5 (4): 323.

[212] HORNIK J, SATCHI R S, CESAREO L, et al. Information dissemination via electronic word – of – mouth: good news travels fast, bad news travels faster! [J]. Computers in human behavior, 2015, 45: 273 – 280.

[213] ROZIN P, ROYZMAN E B. Negativity bias, negativity dominance, and contagion [J]. Personality and social psychology review, 2001, 5 (4): 296 – 320.

[214] HO M C, LI S H, YEH S L. Early attentional bias for negative words when competition is induced [J]. Attention perception & psychophysics, 2016, 78 (4): 1030 – 1042.

[215] CACIOPPO J T, CACIOPPO S, GOLLAN J K. The negativity bias: conceptualization, quantification, and individual differences [J]. Behavioral and brain sciences, 2014, 37 (3): 309 – 310.

[216] KATSYRI J, KINNUNEN T, Kusumoto K, et al. Negativity bias in media multitasking: the effects of negative social media messages on attention to television news broadcasts [J]. Plos one, 2016, 11 (5): e0153712.

[217] 徐文. 从众与群众：群体力量的异化与回归 [J]. 西南大学学报（社会科学版），2015，41 (1)：46 – 54.

[218] OH O, AGRAWAL M, RAO H R. Community intelligence and social media services: a rumor theoretic analysis of tweets during social crises [J]. MIS quarterly, 2013, 37 (2): 407 – 426.

[219] PETERSON W A, GIST N P. Rumor and public opinion [J]. American journal of sociology, 1951, 57 (2): 159 - 167.

[220] 张芳，司光亚，罗批. 谣言传播模型研究综述 [J]. 复杂系统与复杂性科学，2009, 6 (4): 1 - 11.

[221] ZHANG N, HUANG H, SU B, et al. Dynamic 8 - state ICSAR rumor propagation model considering official rumor refutation [J]. Physica a: statistical mechanics and its applications, 2014, 415: 333 - 346.

[222] SUN L, LIU Y, ZENG Q, et al. A novel rumor diffusion model considering the effect of truth in online social media [J]. International journal of modern physics c, 2015, 26 (7): 1550080.

[223] XU J, ZHANG Y. Event ambiguity fuels the effective spread of rumors [J]. International journal of modern physics c, 2015, 26 (3): 1550033.

[224] PAN R K, SARAMÄKI J. Path lengths, correlations, and centrality in temporal networks [J]. Physical review e, 2011, 84: 016105.

[225] RUAN Y H, LI A W. Influence of dynamical change of edges on clustering coefficients [J]. Discrete dynamics in nature and society, 2015, 2015: 172720.

[226] 康崇禄. 蒙特卡罗方法理论和应用 [M]. 北京：科学出版社，2015: 1 - 11.

[227] METROPOLIS N, ROSENBLUTH A W, ROSENBLUTH M N, et al. Equation of state calculations by fast computing machines [J]. The journal of chemical physics, 1953, 21 (6): 1087 - 1092.

[228] ANDRIEU C, DE FREITAS N, DOUCET A, et al. An introduction to MCMC for machine learning [J]. Machine learning, 2003, 50 (1 - 2): 5 - 43.

[229] HASTINGS W K. Monte Carlo sampling methods using Markov chains and their applications [J]. Biometrika, 1970, 57 (1): 97 - 109.

[230] KITSAK M, GALLOS L K, HAVLIN S, et al. Identification of influential spreaders in complex networks [J]. Nature physics, 2010, 6 (11): 888 - 893.

[231] SCHWARTZ A J. A generalization of a Poincaré - Bendixson theorem to closed two - dimensional manifolds [J]. American journal of mathematics, 1963, 85 (3):

453 – 458.

[232] TURAN N, POLAT O, KARAPIRLI M, et al. The new violence type of the era: cyber bullying among university students: violence among university students [J]. Neurology, psychiatry and brain research, 2011, 17 (1): 21 – 26.

[233] JUNG E – Y, YU E – Y. Influence of SNS addiction tendency and social supporton cyber violence in college students [J]. Journal of digital convergence, 2018, 16 (12): 407 – 415.

[234] 闫倩倩. 从传播学视角探析网络暴力现象 [D]. 广州: 华南理工大学, 2011: 4 – 5.

[235] 江根源. 青少年网络暴力: 一种网络社区与个体生活环境的互动建构行为 [J]. 新闻大学, 2012 (1): 116 – 124.

[236] 陈婷. 自媒体时代网络暴力行为及其治理探究 [D]. 哈尔滨: 哈尔滨工业大学, 2020: 51 – 52.

[237] 田维钢, 张仕成. 群体传播时代的传播风险及其成因分析 [J]. 当代传播, 2017 (5): 20 – 23.

[238] 朱丽. 网络暴力舆论的特征和成因分析 [J]. 新闻界, 2010 (6): 36 – 37.

[239] 张海滨. 论网络讨伐的形成机制及其社会效应 [J]. 河海大学学报 (哲学社会科学版), 2012, 14 (2): 85 – 89, 93.

[240] 刘绩宏, 柯惠新. 道德心理的舆论张力: 网络谣言向网络暴力的演化模式及其影响因素研究 [J]. 国际新闻界, 2018, 40 (7): 37 – 61.

[241] 侯玉波, 李昕琳. 中国网民网络暴力的动机与影响因素分析 [J]. 北京大学学报 (哲学社会科学版), 2017, 54 (1): 101 – 107.

[242] 杨帆. 论网络传播中的群体心理 [D]. 成都: 四川大学, 2007: 15 – 23.

[243] 王满荣. 网络暴力的形成机制及治理对策探究 [J]. 兰州学刊, 2009 (11): 148 – 151.

[244] 邓榕. 多元文化视域下网络暴力的本质、成因与文化对策 [J]. 求索, 2015 (5): 183 – 187.

[245] 李媛. 虚拟社会的非理性表达 [D]. 上海: 复旦大学, 2008: 22 – 31.

[246] LIU W J, LI T, CHENG X M, et al. Spreading dynamics of a cyber violence model on scale－free networks [J]. Physica a: statistical mechanics and its applications, 2019, 531: 121752.

[247] HUANG C, HU B, JIANG G, et al. Modeling of agent－based complex network under cyber－violence [J]. Physica a: statistical mechanics and its applications, 2016, 458: 399－411.

[248] 李华君，曾留馨，滕姗姗. 网络暴力的发展研究：内涵类型、现状特征与治理对策：基于2012—2016年30起典型网络暴力事件分析 [J]. 情报杂志，2017，36（9）：139－145.

[249] 杨嵘均. 网络暴力的显性歧视和隐性歧视及其治理：基于网络暴力与网络宽容合理界限的考察 [J]. 学术界，2018（10）：95－110.

[250] 姜方炳. "网络暴力"的风险特性及其治理之道 [J]. 中共天津市委党校学报，2016（5）：84－91.

[251] 林凌. 网络暴力舆论传播原因及法律治理 [J]. 当代传播，2011（3）：76－78，83.

后　记

本书付梓之际，诸多感谢需要诉之笔端。

感谢上海对外经贸大学科研处“优秀学术专著”项目对本书出版的大力支持和资助。感谢上海对外经贸大学工商管理学院领导们对本书出版的鼓励与部分资助。感谢导师闫相斌教授对本书研究工作的悉心指导。感谢国家自然科学基金面上项目“基于公众社交媒体卷入干预的信息疫情助推治理研究”（项目号：72274119）对本书实证研究的大力支持。感谢知识产权出版社的资深编辑兰涛和杨易老师在本书编辑和出版过程中给予的指导和协助。感谢上海对外经贸大学工商管理学院教授委员会诸位教授对本书初稿的审阅。感谢工商管理学院戴永辉老师对本书出版提供的帮助。感谢工商管理学院的同事们和学校人事处刘下放老师在日常教学和科研工作中提供的指导与帮助。

最后，感谢我挚爱的家人。感谢我的父母——姜广仁先生和赵丽新女士！我们一起经历伤痛，承受苦难，彼此鼓励、陪伴和安慰。书稿整理、完善和补充的过程，令我百感交集，仿若时光回溯，我仍身处象牙塔，仍有一张安静的书桌。生活的磨难不期而至，过往科研经历中遭遇挫折和迷茫时不断积累的勇气以及始终不变的信念一直鼓励着我、支撑着我、鞭策着我，不要轻言放弃。希望漫漫科研路上收获的勇气与坚守继续带给我与命运抗争的信心和力量！

本书是作者求学与工作若干年来关于社交网络上计算传播研究相关工

作的粗浅总结，由于作者水平有限，疏漏之处在所难免，恳请读者不吝批评指正。我（邮箱 jiangping@ suibe. edu. cn）真诚希望收到读者反馈，与计算传播领域的专家学者、对计算传播研究感兴趣的读者朋友共同交流和探讨，共同探索有趣的传播现象，共同揭示逻辑果背后的自然因。